TROISIÈME ÉDITION.

GUIDES ROUTIERS RÉGIONAUX

A L'USAGE DES

Cyclistes et de la Locomotion Automobile

LES ARDENNES

FRANÇAISES ET BELGES

LE GRAND-DUCHÉ DE LUXEMBOURG

PAR

A. DE BARONCELLI

Prix : 2 francs

PARIS

[VE]NTE CHEZ TOUS LES LIBRAIRES

TABLE DES PRINCIPALES LOCALITÉS

Les hôtels précédés d'un astérisque sont particulièrement recommandés aux touristes cyclistes.

GUIDES ROUTIERS RÉGIONAUX

A L'USAGE DES

Cyclistes et de la Locomotion Automobile

LES ARDENNES

FRANÇAISES ET BELGES

LE GRAND-DUCHÉ DE LUXEMBOURG

PAR

A. DE BARONCELLI

Prix : 2 francs

PARIS

EN VENTE CHEZ TOUS LES LIBRAIRES

PRÉFACE

Ayant souvent constaté combien de cyclistes, à la veille d'entreprendre une excursion un peu prolongée, sont embarrassés sur le choix du voyage et pour en établir d'avance les étapes, nous pensons pouvoir leur être utile en publiant un itinéraire spécial pour chacune des principales régions les plus intéressantes de la France.

C'est dans cette intention que nous présentons aujourd'hui, aux touristes cyclistes, le guide des **Ardennes**, *le huitième de la série que nous comptons faire paraître.*

Afin de rendre accessible notre itinéraire en venant le rejoindre de n'importe quelle direction, nous l'avons tracé circulaire, de telle sorte qu'en prenant pour point de départ une des villes quelconques de son parcours, on puisse revenir à cette ville après avoir fait le voyage entier et visité les curiosités les plus importantes de la région.

Toutefois, voulant rendre l'ouvrage très portatif, nous nous sommes bornés à donner la description de la route au point de vue purement vélocipé-

dique, à l'indication exacte des distances séparant les localités, au bon choix des hôtels (toujours se présenter avec notre guide) et au partage qui nous a paru le plus rationnel des étapes journalières.

Quant aux longueurs des côtes et des espaces pavés, nous adopterons, pour les mesurer, le temps de marche nécessaire à franchir ces passages, à pied, à raison d'environ 4 ou 5 kilomètres à l'heure, aussi exprimerons-nous leur durée en minutes et en heures.

Néanmoins, beaucoup de cyclistes, légèrement chargés, pourront gravir en machine plusieurs des rampes ainsi mentionnées ; le renseignement du temps, pour les monter à pied, s'adressant particulièrement aux touristes non entraînés.

Pour le détail historique et descriptif des villes et des contrées, nous conseillons aux cyclistes de se munir du **Guide Joanne** correspondant à la partie visitée des Ardennes.

Le touriste, préférant bien voir en détail et sans fatigue, désirant séjourner quelques heures dans les localités qui offrent de l'intérêt et conserver de son excursion un souvenir durable, suivra à la lettre nos étapes ; cependant, s'il se sent de force, rien ne l'empêchera de les doubler, mais nous ne saurions l'y engager, à moins qu'il veuille se contenter d'impressions fugitives, résultat inévitable d'un voyage fait trop à la hâte.

TABLE MÉTHODIQUE

Pages

PLAN DU VOYAGE

REIMS

Mézières-Charleville, Revin, Givet, Dinant, Namur, Dinant, Rochefort,

ou **Namur, Huy, Liège, Chaudfontaine, Spa, Coo, Remouchamps, Comblain-au-Pont, Durbuy, Marche, Rochefort.**

Han-sur-Lesse, Wellin.

ou **Rochefort, Saint-Hubert, Wellin, Gedinne, Bouillon, Florenville, Virton, Arlon, Luxembourg, Mondorf-les-Bains, Remich, Grevenmacher, Wasserbillig, Trèves, Wasserbillig, Echternach, Grundhof, Müllerthal, Larochette, Beaufort, Grundhof, Diekirch, Ettelbrück, Mersch, Luxembourg, Longwy, Longuyon, Montmédy, Carignan, Bazeilles, Sedan, Mézières-Charleville.**

(Pour ce voyage, consulter les feuilles de la carte de France du Ministère de la Guerre, au 200.000me, portant les nos 5, 10 et 11.)

Nota. — Le cycliste venant de Paris se rendra à Mézières-Charleville, soit par le chemin de fer (27 fr. 35 ; 18 fr. 45 ; 12 fr.), soit par la route. Dans ce dernier cas, il devra suivre l'itinéraire ci-dessous, de **Paris à Mézières-Charleville** (**247** kil.), dont la description plus détaillée se trouve dans notre *Guide routier de la France.*

DE PARIS A MÉZIÈRES-CHARLEVILLE

Par Joinville-le-Pont (5), la fourche de Champigny (2), Bry-sur-Marne (3), Noisy-le-Grand (3), Champs (3), Torcy (4), **Lagny** (5 — Hôt. du *Pont-de-Fer*), Chessy (5), Saint-Germain-les-Couilly (7), Quincy-Ségy (3), **Meaux** (6 — Hôt. des *Trois-Rois*), Trilport (6), Saint-Jean-les-Deux-Jumeaux (5), Sammeron (5), **La-Ferté-sous-Jouarre** (4 — Hôt. de l'*Epée*), Reuil (2), Lusancy (3), Nanteuil-sur-Marne (4), Crouttes (1), **Charly** (6 — Hôt. *Saint-Martin*), Saulchery (2), Romény (2), Arzy-Bonneuil (4), Essommes (4), **Château-Thierry** (3 — Hôt. de l'*Eléphant*), Brasles (2), Gland (2), Mont-Saint-Père (4), Jaulgonne (5), Barzy (2), Rozay (1), Tréloup (5), **Dormans** (3 — Hôt. du *Lion-d'Or*), Verneuil (3), Passy-Grigny (3), Romigny (8), **Ville-en-Tardenois** (3 — Aub. *Devaux*), Chambrecy (2), Bligny (4), Pargny (7), **Reims** (9 — *Grand-Hôtel*), Vitry (8), Isles-sur-Suippes (9), Tagnon (11), **Rethel** (9 — Hôt. du *Commerce*), Novy (6), Saulces (7), Faissault (4), Launois (6), Raillicourt (4), Montigny-sur-Vence (3), Poix-Terron (3 — Hôt. *Locart*), Yvernaumont (4), Boulzicourt (4), La Francheville (4) et **Mézières-Charleville** (5 — Hôt. du *Lion-d'Argent*).

Le cycliste qui se rend de Paris à Mézières-Charleville, soit par le chemin de fer, soit par la route, ayant l'occasion de s'arrêter à Reims, nous ferons précéder notre guide de l'itinéraire de cette ville ; V. page 13.

CONSEILS PRATIQUES

On trouvera en tête de notre *Guide routier de la France* les renseignements généraux concernant la façon la plus pratique, selon nous, de voyager à bicyclette et de s'équiper. Nous rappellerons seulement, ici, que pour visiter les parties montagneuses des Ardennes, il est absolument indispensable de munir sa machine d'un frein. Il sera même prudent d'en avoir deux : le premier appliqué à la roue de devant, et le second, à la roue d'arrière, celui-ci pouvant rester bloqué à volonté (genre des freins *Péchard*, *Masson*, *Carloni*). Avec deux freins, on descendra agréablement toute côte en évitant les inconvénients du *traînage de fagot*.

Quant aux bandages, de bons caoutchoucs creux (genre du *Touriste* de la maison *Torrilhon*) seront toujours préférables aux pneumatiques pour pouvoir se servir sans crainte des freins et s'engager sur des routes souvent éloignées des centres où il serait possible de se faire réparer.

En résumé : des cercles increvables, deux bons freins, une selle bien suspendue, de confortables repose-pieds pour les descentes, une fourche incassable, sont les conditions essentielles d'une bicyclette de voyage destinée à parcourir des régions accidentées.

DURÉE DU VOYAGE

En vingt-trois ou vingt-neuf jours, si l'on suit à la lettre l'itinéraire entier selon la *Division du Temps* indiqué à la page X; en vingt ou vingt-six jours, si l'on supprime les itinéraires facultatifs des 14e, 17e et 18e jours.

DIVISION DU TEMPS

1er Jour. — Dans la matinée, visite de la ville de Mézières-Charleville. Déjeuner à Charleville. Dans la journée, excursion aux ruines du château de Montcornet. Diner et coucher à Charleville.

2e Jour. — Départ de Charleville. Déjeuner à Château-Regnault. Diner et coucher à Revin.

3e Jour. — Départ de Revin. Déjeuner à Vireux-Molhain ou à Givet. Excursion à la grotte de Nichet. Diner et coucher à Givet.

4e Jour. — Départ de Givet. Visite de la vallée inférieure de la Lesse. Château de Walzin. Déjeuner à Anseremme ou à Dinant. Visite de la ville de Dinant. Diner et coucher à Dinant.

5e Jour. — Départ de Dinant. Visite des ruines du château de Montaigle et abbaye de Maredsous. Diner et coucher à Namur.

6e Jour. — Déjeuner à Namur. Visite de la ville. Retour en chemin de fer à Dinant. Diner et coucher à Dinant.

7e Jour. — Départ de Dinant. Visite des châteaux de Wève et de l'église de Celle. Déjeuner au château royal d'Ardenne. Promenade dans le parc, aux tours Léopold et du Rocher. Arrivée à Rochefort. Visite des ruines du château. Diner et coucher à Rochefort.

Ou : 6e *Jour.* — Dans la matinée, visite de la ville de Namur. Départ de Namur après le déjeuner. Diner et coucher à Huy.

7e *Jour.* — Dans la matinée, visite de la ville de Huy. Départ de Huy après le déjeuner. Diner et coucher à Liège.

8e *Jour.* — Visite de la ville de Liège. Diner et coucher à Liège.

9e *Jour.* — Départ de Liège. Déjeuner à Chaudfontaine. Visite des ruines du château de Franchimont. Diner et coucher à Spa.

10e *Jour.* — Dans la matinée, visite de la ville de Spa. Déjeuner à Spa. Dans la journée, excursion du tour des Fontaines. Dîner et coucher à Spa.

11e *Jour.* — Départ de Spa. Déjeuner à Coo. Dîner et coucher à Remouchamps

12e *Jour.* — Dans la matinée, visite de la grotte de Remouchamps. Départ de Remouchamps. Déjeuner à Comblain-au-Pont. Dîner et coucher à Durbuy.

13e *Jour.* — Départ de Durbuy après le déjeuner. Passage à Marche. Dîner et coucher à Rochefort.

8e **Jour.** — Dans la matinée, visite de la ville et des grottes de Rochefort. Déjeuner à Rochefort. Dans la journée, visite des grottes de Han. Dîner et coucher à Gedinne.

9e **Jour.** — Départ de Gedinne. Déjeuner à Vresse. Dîner et coucher à Bouillon.

10e **Jour.** — Dans la matinée, visite du château de Bouillon. Départ de Bouillon après le déjeuner. Dîner et coucher à Florenville.

11e **Jour.** — Départ de Florenville. Visite des ruines de l'abbaye d'Orval. Déjeuner à Orval. Passage à Virton. Dîner et coucher à Arlon.

12e **Jour.** — Départ d'Arlon. Déjeuner à Luxembourg. Visite de la ville. Dîner et coucher à Luxembourg.

13e **Jour.** — Départ de Luxembourg. Déjeuner à Mondorf-les-Bains. Visite du parc, du casino et de l'établissement thermal. Dîner et coucher à Wasserbillig.

14e **Jour** (*facultatif*). — Départ de Wasserbillig. Déjeuner à Trèves. Visite de la ville. Dîner et coucher à Wasserbillig.

15e **Jour.** — Départ de Wasserbillig. Déjeuner à Echternach. Visite de la ville. Départ d'Echternach. Passage au Müllerthal. Arrivée à Larochette. Visite des ruines du château. Dîner et coucher à Larochette.

16e **Jour.** — Départ de Larochette. Visite des ruines du château de Beaufort. Déjeuner à Beaufort. Arrivée à Diekirch. Visite de la ville. Dîner et coucher à Diekirch.

17e Jour (*facultatif*). — Excursion de Diekirch à Vianden et à Brandenbourg. Déjeuner à Vianden. Diner et coucher à Diekirch.

18e Jour (*facultatif*). — Excursion à Esch-sur-la-Sûre et à Bourscheid. Déjeuner à Esch-sur-la-Sûre. Diner et coucher à Diekirch.

19e Jour. — Départ de Diekirch après le déjeuner ou déjeuner à Mersch. Diner et coucher à Luxembourg.

20e Jour. — Départ de Luxembourg après le déjeuner. Arrivée à Longwy-Bas. Visite de la ville haute. Diner et coucher à Longwy-Bas.

21e Jour. — Départ de Longwy-Bas. Visite du château de Cons-la-Grandville. Déjeuner à Longuyon. Diner et coucher à Montmédy-Bas.

22e Jour. — Départ de Montmédy-Bas. Déjeuner à Carignan. Passage à Bazeilles. Arrivée à Sedan. Visite de la ville. Diner et coucher à Sedan.

23e Jour. — Départ de Sedan. Retour à Mézières-Charleville.

SIGNES ET ABRÉVIATIONS

Alt.	Altitude.	H.	Heure.
Aub.	Auberge.	Hab.	Habitant.
Ch.	Chemin.	Hôt.	Hôtel.
Ch.-l. d'arr.	Chef-lieu d'arrondissement.	Kil.	Kilomètre.
Ch.-l. de c.	Chef-lieu de canton.	M.	Mètre.
Ch.-l. de dép.	Chef-lieu de département.	Min.	Minute.
Dr.	Droite.	R.	Route.
G.	Gauche.	*V.*	*Voyez.*

Les chiffres suivis du signe ' indiquent un *nombre de minutes*, Exemple : 12', soit douze minutes.

Les chiffres gras, entre parenthèses, indiquent les *distances* séparant les localités d'un même itinéraire.

GUIDE DES ARDENNES

VILLE DE REIMS

REIMS, CHEF-LIEU D'ARRONDISSEMENT DU DÉPARTEMENT DE LA MARNE, COMPTE 107.963 HABITANTS.

Hôtels recommandés : — Le *Grand-Hôtel*, le mieux situé de la ville, maison de 1er ordre, 4, rue *Libergier* ; du *Commerce*, plus simple, 2, rue *Robert-de-Coucy*, tous deux près de la cathédrale ; de l'*Europe*, spécialement fréquenté par les voyageurs de commerce, 6 fr. 50 c. par jour, 29, rue *Buirette*.

Cafés : — du *Palais*, 6, rue de *Vesle* ; de *Paris*, 4, rue *Chanzy* ; du *Grand Saint-Denis*, 10 *bis*, rue *Chanzy* ; *Brasserie Strasbourgeoise* (casino ; déjeuner à 2 fr. 50 c. ; dîner à la carte), 18, rue de l'*Étape*.

Arrivée à Reims. — Le cycliste venant de Paris par le chemin de fer devra suivre l'itinéraire ci-dessous pour se rendre de la gare à la place du *Parvis Notre-Dame*, voisine des hôtels recommandés et point de départ de nos itinéraires dans la ville (distance 1 kil. 200 m. ; trajet entièrement pavé, 15').

Sortir de la cour de la gare par la porte de droite et traverse les *Promenades*, en laissant à g. le square *Colbert*, orné de la statue de *Colbert*. De l'autre côté des promenades, suivre devant soi la chaussée gauche de la place *Drouet-d'Erlon*, formant un rectangle très allongé, puis tourner à g. dans la rue de l'*Etape*, bordée de maison avec arcades (1). La première rue à dr., la rue *Talleyrand*, traverse la rue de *Vesle*, et par la rue *Chanzy*, vis-à-vis, qui longe le théâtre, on atteint la rue transversale *Libergier*. Celle-ci conduit à g. à la place du *Parvis Notre-Dame*.

A l'angle des rues Chanzy et Libergier se trouve le *Grand-Hôtel* ;

---

(1) Du côté opposé à la rue de l'Etape, et à droite de la place d'Erlon, la rue *Buirette*, conduit à l'hôtel de l'*Europe*, situé au n° 29. V. ci-dessus.

quelques m. plus loin, sur la place du Parvis Notre-Dame, si l'on suit à g. la rue *Robert-de-Coucy*, qui longe la cathédrale, on arrive à l'hôtel du *Commerce*, maison plus modeste, situé au n° 2.

Visite de la ville de Reims. — Une journée suffit pour voir la ville de Reims. On partagera cette visite en deux itinéraires : celui de la matinée et celui de l'après-midi. A cause des offices du matin, il est plus pratique de visiter la cathédrale au début de l'itinéraire de l'après-midi. L'itinéraire de la matinée sera particulièrement consacré à la visite de l'église Saint-Remi et des caves Pommery.

Itinéraire de la matinée (environ 3 h. 1/2). — A l'angle du *Grand-Hôtel*, regardant la cathédrale, prendre à dr. la rue *Chanzy*. Son prolongement, la rue *Gambetta*, passe devant la place et l'église *Saint-Maurice*, en laissant à g. l'Hôpital Général. Continuer la rue Gambetta et, plus loin, descendre la deuxième rue à dr., la rue *Saint-Remi*. Celle-ci aboutit à la rue *Simon*, vis-à-vis l'entrée de la Maison de retraite; tournant à g., on longe les bâtiments de l'Ecole de Médecine et de Pharmacie, ainsi que ceux de l'Hôtel-Dieu (petit musée d'antiquités, visible tous les jours; gratification, 50 c.). Sur la place de l'*Hôtel-Dieu*, s'élève à gauche la basilique Saint-Remi renfermant le tombeau du saint et un *trésor* (visible tous les jours jusqu'à 6 h., en été, et jusqu'à 4 h., en hiver; carte, 50 c.).

A la sortie de l'église, traverser la place *Saint-Remi*, en contournant l'église à g.; puis, par la rue *Saint-Julien*, gagner la place *Saint-Timothée*. A dr. de cette place, la rue *Dieu-Lumière* conduit aux boulevards circulaires qui entourent la ville. A g., le boulevard Dieu-Lumière gravit un monticule crayeux pour aboutir au carrefour de la *pointe Saint-Nicaise* d'où rayonnent cinq larges voies. En prenant l'avenue montante à dr., on arrive presque aussitôt devant la grille d'entrée, à g., des célèbres caves *Pommery* (visibles tous les jours, excepté les dimanches et jours de fêtes, de 7 h. du matin à midi et de 2 h. à 7 h.; rétribution facultative; durée de la visite, 1 h.).

Sortant de la maison Pommery, redescendre vers la ville par le boulevard *Gerbert*, dans la direction de la cathédrale, dont on aperçoit de loin l'immense nef. Au bas du boulevard Gerbert, quitter la ligne circulaire des boulevards et suivre à g. la rue *Montlaurent*. Celle-ci rejoint la rue du *Barbâtre*, qu'on prendra à dr., continuée par la rue de l'*Université*. On dépasse le Lycée, à g., puis la place *Godinot*, à dr., ornée d'une fontaine avec colonne. Un peu plus loin, après la Sous-Préfecture, abandonner la rue de l'Université et, par la rue du *Cardinal-de-Lorraine*, à g., regagner la place du *Parvis Notre-Dame*.

Itinéraire de l'après-midi (environ 3 h.). — Se rendre à la cathédrale Notre-Dame (ascension des *Tours*, tous les jours, de 9 h. à midi et de 1 h. 1/2 à 5 h., cartes d'entrée, 1 fr. par personne, délivrées au grand portail; visite du *Trésor*, tous les jours, de 9 h. à midi et de 2 h. à 5 h., les dimanches et jours de fêtes, do midi et demi à 2 h., cartes d'entree, 50 c., délivrées à la sacristie). A dr. de la cathédrale s'élève le Palais archiépiscopal contenant les *appartements royaux* et la *chapelle Palatine* (s'adresser à partir de 2 h., au concierge; rétribution, 50 c.).

Revenir à l'angle du *Grand-Hôtel* et, tournant le dos à la cathédrale, prendre à dr. la rue *Chanzy*. Plus loin, tourner encore à dr. dans la rue de *Vesle*, une des plus animées de la ville, en passant devant les façades du Théâtre et du Palais de Justice.

La rue *Carnot*, qui succède à la rue de Vesle (remarquer à dr., au n° 13, la porte de la *Cour du Chapitre*, flanquée de deux tourelles), aboutit à la place *Royale* sur laquelle est érigée la statue en bronze de *Louis XV*, vêtu en empereur romain. Traverser la place et, par la rue *Cérès*, gagner l'esplanade *Cérès*, ornée d'un petit square.

Revenir sur ses pas à la place *Royale* pour prendre à dr., devant la statue de Louis XV, la rue *Colbert* qui mène à la place des *Marchés*, sur l'emplacement du vieux Reims (à g., anciennes maisons en bois). Ici, au lieu de continuer directement vers l'Hôtel de Ville, dont on aperçoit la façade à l'extrémité du prolongement de la rue Colbert, biaiser à dr. et suivre la petite rue parallèle de *Tambour* où l'on peut voir la curieuse maison, dite des Musiciens, située à dr. au n° 20. Parvenu sur la place de l'*Hotel de Ville*, se diriger vers l'entrée de ce monument et visiter les Musées de peinture, d'archéologie et de céramique (publics le dimanche et le jeudi de 1 h. à 5 h., en été, et 4 h. en hiver).

A la sortie de l'Hôtel de Ville, prendre à dr. la rue des *Consuls* aboutissant aux *promenades*, dans le voisinage d'un arc de triomphe romain, dit la porte de *Mars*, et de la place de la *République*, celle-ci ornée d'une fontaine monumentale. Tournant à g. sur le boulevard de la *République*, on longera les belles promenades de la ville, dans toute leur longueur, en passant successivement devant le square *Colbert* et la gare, puis, plus loin, devant le Cirque. A l'extrémité du boulevard de la République, ayant rejoint le canal de l'Aisne à la Marne, qui limite la partie S.-O. de la ville, on prendra à g., vis-à-vis le pont de Vesle, la rue de *Vesle* qui ramène au centre de Reims, à la rue *Chanzy*, voisine des hôtels. Dans la rue de Vesle, au n° 36, se trouve une entrée conduisant à l'église Saint-Jacques, et, un peu plus loin, du même côté, le passage *Poterlet* (Grande brasserie avec concert) relie la rue de Vesle à la place *Drouet-d'Erlon* qu'on connaît déjà.

VILLE DE MÉZIÈRES-CHARLEVILLE

MÉZIÈRES-CHARLEVILLE, CHEF-LIEU DU DÉPARTEMENT DES ARDENNES, COMPTE 25.300 HABITANTS.

Hôtel recommandé : — Hôtel du *Lion-d'Argent*, 20, rue *Thiers*, à Charleville.

Cafés : — de la *Promenade*, 11, cours d'*Orléans*; de la *Grande Taverne*, 105, cours d'*Orléans*.

Atelier de réparations : — Garage de cycles et motocycles, chez M. *L. Peltier*, 93, cours d'*Orléans*.

Arrivée à Mézières-Charleville. — Le cycliste, arrivant par le chemin de fer, se rendra de la gare à l'Hôtel du *Lion-d'Argent* (distance : 600 m.) par l'itinéraire ci-dessous :

A la sortie de la gare de Mézières-Charleville, suivre à dr. l'avenue qui traverse en biais le square ; puis, passant entre la rue *Forest*, à dr., et le boulevard de la *gare*, à g., continuer devant soi par l'avenue de la *Gare*. Celle-ci aboutit à la rue *Thiers* où se trouve situé à quelques m. à dr., au n° 20, l'hôtel du *Lion-d'Argent*.

Visite de la ville de Mézières-Charleville (environ 2 h.). — A g. de l'hôtel du *Lion-d'Argent*, la rue *Thiers* puis son prolongement, la *Grande Rue*, mènent à la place *Ducale*, ornée de la statue du duc *Charles de Gonzague*, fondateur de la ville. De l'autre côté de la place, la rue du *Moulin* se dirige vers la façade du *Pavillon du Moulin*, situé sur le bord de la *Meuse*.

Ici, prendre à dr. le quai du *Sépulcre*, ensuite tourner encore à dr. sur la place du même nom. Continuer par la rue de l'*Eglise*, qui passe devant l'église paroissiale de Charleville et aboutit à la rue du *Petit-Bois*. Tourner à g. dans cette dernière rue, puis à dr.

dans la rue de *Clèves* et, de nouveau à dr., dans la rue du *Palais-de-Justice*. On traverse la place *Carnot*, et, par la rue des *Capucins*, qui coupe la *Grande Rue*, continuée par la rue des *Marbriers*, on arrivera à la rue transversale du *Théâtre*. Cette rue, à dr., conduit à la place de *Nevers* où, tournant à dr. par la rue des *Palais*, on reviendra à la place *Ducale*. De la place Ducale, regagner l'hôtel du *Lion-d'Argent* par la *Grande Rue* et la rue *Thiers*, à dr.

Passant devant l'hôtel du *Lion-d'Argent* on descendra le cours d'*Orléans*, au bas duquel est érigé à dr. le monument à la mémoire des Ardennais morts pour la patrie en 1870-71. Au delà d'un premier pont, au-dessus d'une prairie, l'avenue *Charleville*, dans Mézières, traverse la place de la *République*; ensuite, la rue du *faubourg d'Arches* mène au pont d'Arches sur la Meuse. De l'autre côté du pont, s'ouvre la rue d'*Arches* qu'on abandonnera presqu'aussitôt pour suivre à g. la rue de la *Préfecture*. Parvenu sur la place d'*Armes*, vis-à-vis de la citadelle, qui sert de caserne, tourner à dr. et, un peu plus loin, encore à dr. dans la rue *Jaubert*. Celle-ci est prolongée par les rues *Monge* et *Saint-Julien* qui conduisent directement à la place de l'*Eglise*. Après avoir visité l'église paroissiale de Mézières, se diriger vers l'extrémité de la place, puis descendre à g. l'avenue du *Château-d'eau* pour gagner le pont de *Pierre*. On traverse de nouveau la Meuse, à dr., cette rivière ayant, depuis le pont précédent, décrit une boucle de huit kil., et l'on atteint par le *faubourg de Pierre* la sortie de la ville.

Revenir à Charleville, à l'hôtel du *Lion-d'Argent*, par le tramway électrique (10 c.), en ayant soin de prévenir le conducteur du point où l'on doit s'arrêter, la ligne du tramway bifurquant après le pont d'Arches.

Excursion recommandée au départ de Mézières-Charleville. — Les ruines du château de Montcornet (26 kil 100 m., aller et retour — Côtes : 46').

Itinéraire : Au sortir de l'hôtel du *Lion-d'Argent*, monter à dr. le boulevard *Gambetta* et, à son extrémité, tourner à g. dans la rue de *Mont-Joli*. Celle-ci aboutit à la r. de Maubeuge, qu'on prendra à dr. (Côte : 2'); panorama sur Mézières-Charleville, la boucle de la *Meuse* et la large vallée de la *Sormonne*. On descend au hameau de Belle-Vue du Nord; puis, après une légère montée, parvenu à hauteur de la *borne 66.4*, près un débit, on abandonnera la r. nationale pour s'engager à dr. (**3.7**) sur le ch. de Renwez.

Celui-ci, passablement accidenté, monte (2') et traverse la plaine, en contournant le village de Damouzy, dans un fond, à dr. Une courte descente rapide, suivie d'un raidillon, précède Houldizy (**3.2**) abrité dans un pli de terrain ombragé. Au milieu de ce village, croise le ch. de Tournes (3) à Monthermé (12). Une côte très dure (8'), en quittant Houldizy, puis deux raidillons (3' et 1') élèvent sur cette partie du plateau des Ardennes d'où l'on découvre une vue étendue sur la vallée de la Sormonne, à g., et les collines boisées de la forêt d'*Or*, à dr. A la jonction (**1. 1**) du ch. de Nouzon, tourner à g. pour descendre par une belle avenue vers Arreux. Devant l'usine (**0.9**), laisser à g. le ch. de Tournes (3. 1) et continuer à dr. Quelques m. plus loin, on néglige encore à dr. le gros du village d'Arreux pour descendre rapidement dans un vallon dont l'issue est baignée par un étang. Nouvelle côte (13'); au sommet, remarquer à dr. le modeste monument élevé à la mémoire de la petite *Marie Gérard*, assasinée à cet endroit, à l'âge de 10 ans, le 17 juillet 188?. Après une légère descente, le ch. aboutit sur la place de Montcornet (**2**), vis-à-vis l'église et les ruines du château. Ici, se détache a g. un ch. qui, par le vallon du Rupt-des-Vaches, les villages de Charoué (2) et de Tournes (3.5), conduit à Charleville en raccourcissant de 2 kil. 700 m.

Continuant dans la direction de Renwez, on s'arrêtera, de l'autre côté de l'église, à l'auberge du *Rendez-vous des Touristes*, où se trouvent les clefs des ruines du *château de Montcornet* (durée de la visite : 30' — rétribution facultative).

Le ch. de Renwez, contournant le vallon du Rupt-des-Vaches, regagne par deux côtes (3' et 3') le plateau et traverse les paturages qui précèdent Renwez (**2.4** — Ch.-l. de c. — 1.496 hab. — Hôt. des *Voyageurs*). Dans ce bourg, laisser à dr. la r. de Revin (14. 3) et descendre à g. la r. de Lonny vers la vallée de la Sormonne. Plus bas, dans le voisinage d'une baraque isolée, la r. bifurque (**1.4**). Ici, quitter la direction de Lonny (1.1), à dr., et continuer à g. pour rejoindre (**1**) l'excellente r. de Maubeuge.

Celle-ci, à g., ramène à Charleville en passant par les villages de Cliron (**0.7**) et de Tournes (**2.7**). A l'entrée de Charleville, pour revenir à l'hôtel du *Lion-d'Argent* (**7**), suivre le même itinéraire de rues qu'à l'aller. Sur le parcours, au retour de Renwez, la r. présente trois montées, peu rapides, longues de deux cents, deux cents et cent m. et deux côtes, un peu plus dures, de sept cents et de quatre cents m. (7' et 4').

DE MÉZIÈRES-CHARLEVILLE A REVIN

PAR NOUZON, BRAUX, LEVREZY, CHATEAU-REGNAULT, LAVALDIEU, MONTHERMÉ, DEVILLE ET LAIFOUR.

Distance : **38** kil. **500** m. *Côtes :* **1** h. **0** min. *Pavé :* **13** min.

Nota. — Route accidentée jusqu'à Braux; deux côtes de quinze cents et de deux kil. sept cents m., suivies de rapides descentes; ensuite légèrement ondulée. Après Laifour, la route cessant dans la vallée de la Meuse, on est obligé d'utiliser le chemin de halage, très médiocre pendant six kil. et demi.

Si l'on compte faire l'excursion de la vallée inférieure de la *Semoy*, (*V.* page 21), on devra déjeuner de bonne heure à Château-Regnault afin d'avoir tout l'après-midi libre et pouvoir revenir le soir dîner et coucher à Château-Regnault (*V.* page 21).

Pour l'emploi de chaque journée, *V.* à la *Division du Temps* page X.

Quittant l'hôtel du *Lion-d'Argent*, suivre à g. la rue *Thiers* (Pavé : 8'), puis la *Grande Rue* ; traverser devant soi la place *Ducale* et, du côté opposé à la statue de *Charles de Gonzague*, continuer par la rue du *Moulin* menant sur le bord de la *Meuse;* ici, prendre à g. le quai de la *Madeleine*.

A l'extrémité du quai, à la place du *Moulinet*, deux itinéraires, à peu près d'égale longueur, qui se rejoignent à environ trois kil. de Charleville, se présentent pour se diriger vers Nouzon. Le premier, à g. du bureau de l'octroi, suit la r. nationale et gravit la côte du Bel-Air, longue d'un kil., pour descendre ensuite dans le vallon, dit du *Fossé-la-Culbute*, puis remonte encore pendant sept cents m.; le second, auquel nous donnerons la préférence, passe à dr. du bureau de l'octroi et longe le fleuve jusqu'au café-restaurant : *A la Friture* (**2.4**).

A cet endroit, abandonnant la rive ainsi que le ch. de Montey-Notre-Dame (1.7), on gravira à g. l'étroit vallon du Waridon (Côte : 12') pour aller rejoindre (**1.5**) la r. de Nouzon. Celle-ci s'élève de nouveau, pendant cinq cents m. (5'), au-dessus des vallonnements du promontoire, avant d'atteindre le débit isolé de La Forêt (**0.5**).

Une descente de dix-sept cents m., à travers bois, ramène au niveau de la Meuse, en vue du village industriel de Nouzon. C'est à partir d'ici que la vallée, changeant brusquement de configuration, prend son aspect ardennais et devient des plus pittoresques. Rétrécie, entourée de sombres forêts d'où émergent par place des roches abruptes, qui dominent d'étroites prairies, les bords de la Meuse offrent encore cette particularité de présenter une série ininterrompue d'agglomérations ouvrières dont les habitants sont presque tous employés aux nombreux établissements industriels tels que forges, carrières, hauts-fourneaux, ardoisières, fonderies, qui se succèdent principalement entre Nouzon et Monthermé.

La r. passe au pied d'escarpements rocheux et laisse à dr. le pont de Nouzon (**2.5**). Elle s'élève ensuite à travers bois par une longue côte de deux kil. sept cents m. (35'); magnifique vue du bassin de Joigny, village situé au milieu d'une prairie, sur la rive opposée.

Descente de deux kil. vers Braux. Dans cette localité, suivant la r., toujours à dr., on franchit la Meuse sur un pont de fer (**5.6**), point d'où l'on découvre le mieux, à g., la crête dentelée dite les rochers des *Quatre-Fils-Aymon.*

A présent, sur la rive dr. de la rivière, on traverse les villages de Levrezy (**1.2**) et de Château-Regnault (**1.6**), ce dernier au pied de la montagne des Quatre-Fils-Aymon. On en double la pointe avancée et, à l'extrémité du bourg, on atteint le perron de l'hôtel *Valet* (**1**), au milieu d'un paysage plus sévère, mais rendu agréable par l'absence des noires usines.

Nota. - L'hôtel *Valet*, où l'on s'arrêtera pour déjeûner, est l'endroit tout indiqué comme point de départ d'une excursion dans la vallée inférieure de la *Semoy* (*V.* ci-dessous). Cette excursion peut se faire, en se pressant un peu, dans un après-midi. On revient le soir dîner et coucher à l'hôtel Valet, à moins qu'on préfère rester à Hautes-Rivières, où l'on trouve également un bon hôtel (*V.* page 22); le lendemain, on continue vers Revin et Givet. Nous engageons les touristes à consacrer une journée supplémentaire à la visite de la vallée inférieure de la Semoy, entre Lavaldieu et Membre, le plan du voyage leur permettant de voir plus tard la partie supérieure de la vallée depuis Membre (*V.* page 91).

Une ligne de tramway reliera prochainement Monthermé-Lavaldieu à Hautes-Rivières.

Cent m. plus loin, on passe à la gare de Monthermé-Château-Regnault-Bogny et sous la *ligne de Mézières-Charleville à Namur.* Après une montée (1') suivie d'une courte descente, le long de la Meuse, on franchit les deux bras de la *Semoy*, dont la jolie vallée, une des plus intéressantes des Ardennes, s'ouvre à dr. On est à Lavaldieu (**2**), paroisse dépendante de Monthermé, au confluent de la Meuse et de la Semoy.

Excursion recommandée au départ de Lavaldieu. — La vallée de la Semoy, partie inférieure comprise entre Lavaldieu et Membre (**44** kil. **400** m., aller et retour — Côtes : 1 h. 32' — Passage à pied : 40').

Itinéraire : De l'autre côté des ponts, le ch. de la vall[illegible] la Semoy se détache à dr. de la r. de Givet et se dirige vers l'église de Lavaldieu; faisant un brusque coude à g., il s'élève (6'), ensuite descend au hameau de La Longue-Haie, au débouché du ravin de la *Lyre.* On remonte la rive dr. de la vallée; celle-ci apparaît dans toute sa fraîcheur, au premier tournant, à hauteur des forges de *Phade*, situées sur l'autre rive.

Longue côte de seize cents m. (28'); près du sommet, le ch., taillé entre deux rochers, découvre une vue étendue sur le cirque des prairies de Tournavaux et de Haulmé.

Les nombreuses sinuosités de la Semoy ne pouvant être suivies dans toute leur étendue, on doit escalader assez fréquemment l'extrémité des arêtes des hautes collines boisées qui enserrent la vallée. Ces accidents de terrain ont l'avantage de procurer des changements pittoresques de paysage.

Ayant atteint le débit isolé de La Blossette (**4.2**), on descend ensuite, pendant douze cents m., au Thilay. Après avoir dépassé l'église de ce village (**1.3**), traversée de la Semoy. De l'autre côté du pont, monter à g. (1') en négligeant les r. de Haulmé et de la gare de Nouzon (11.4) qui se détachent à dr.

Le ch. se déroule à plat sur la prairie qui précède Naux (**1.9**); petite côte (3'), puis descente pour franchir de nouveau la Semoy. Après Nohan (**1.8**), village formant quai au bord de la rivière, on décrit une grande courbe au milieu de la plaine, avant d'atteindre la commune et le pont de Hautes-Rivières (**3**), ce dernier sur un ruisseau affluent de la Semoy.

De l'autre côté du pont, laissant à g. le ch. de Linchamps (3.6), on traversera à dr. toute la localité en passant devant l'hôtel recommandé *Robinet*, à dr. (malgré la modeste apparence de cette maison, le touriste y trouvera le meilleur accueil, bonne table et bon lit).

Un peu plus loin est situé le bureau de la **douane française** où le cycliste devra s'arrêter pour faire plomber sa machine afin de pouvoir rentrer en France sans avoir de frais de douane à payer (le bureau est ouvert, tous les jours de la semaine, de 7 h. à midi et de 2 h. à 7. Le dimanche, le douanier de planton est chargé de plomber les bicyclettes aux mêmes heures. — Si l'on a fait plomber sa machine à Hautes-Rivières, avoir soin de conserver son plomb au retour de Membre. Il servira, plus tard, pour pénétrer de nouveau en Belgique par Givet. Faute de quoi on serait obligé de faire plomber une seconde fois sa machine au bureau de la douane française de la gare de Givet, comme il est indiqué page 32. Afin d'éviter la perte du plomb et de sa ligature en cours de route, avoir soin de les entourer d'un morceau d'étoffe qu'on maintiendra avec de la ficelle).

On laisse encore à dr. (**0.5**) un ch. pour Nouzon (13.7) et, parvenu à l'extrémité de Hautes-Rivières, un autre ch. qui s'écarte à g.. Continuer devant soi dans la direction de Sorendal, en longeant presque de niveau la rivière.

Au-delà de Sorendal (**1**), dernier hameau français, le ch., à travers prairies, se gâte. Il devient tout à fait mauvais depuis la bifurcation (**1.7**) qui descend à dr. au bac. Poursuivant à g., à pied (20'), on entre sous les bois qui dominent le cours de la rivière; sur l'autre rive, des baraques à claires-voies servent de séchoirs à tabac.

A la lisière du bois, le ch. s'améliore un peu, et il est possible de rouler, en faisant attention, lorsqu'on a dépassé la borne-frontière plantée sur le petit pont du ruisseau du *Houru* (**1.7**), qui sépare la France de la Belgique.

La vallée, déserte et rétrécie, revêt un caractère véritablement alpestre; puis, à un coude, apparaissent soudain les premières maisons et le pont de Bohan (**2**) dans un délicieux bassin varié de prairies, de bois et de cultures.

Ici, se trouve situé à g. du pont, et à quelques m. de distance sur la r. de Gedinne (14.8), le bureau de la **douane belge** où le cycliste doit se rendre pour faire sa déclaration d'entrée (le bureau est ouvert, tous les jours, de 7 h. du matin à 7 h. du soir. Les machines des cyclistes, membres du Touring-Club de France ou de l'Union Vélocipédique de France, passent en franchise sur la présentation de la carte légalisée de sociétaire. Les cyclistes, ne faisant pas partie de ces deux associations, doivent payer un droit de 12 0/0 de la valeur de leur machine contre lequel il est délivré un acquit à caution. Les machines sont plombées au plomb belge ; plus tard, au bureau de douane de sortie de Belgique, si le plomb est intact, les droits perçus sont remboursés contre la restitution de l'acquit).

Ayant franchi le pont à dr. (Pavé : 1'), on descend ensuite à g. dans Bohan (Hôt. de l'*Union*) ; après l'église, le ch. fait un coude brusque, puis gravit par deux lacets la côte de douze cents m. (17') qui sépare les deux méandres de la vallée; ravissants points de vue. La descente suivante conduit vers le pont de Membre (**2.7**) et à la r. d'Houdremont (12.1) à Pussemange (10.2) ; tourner à g. pour traverser de nouveau la Semoy. De l'autre côté du pont (Pavé : 1'), une courte montée précède les maisons du petit village de Membre et la bifurcation (**0.1**) du ch. de Vresse qui se détache à dr.

De Membre à Vresse et à Bouillon, *V*. page 91.

Retour de Membre à Lavaldieu par le même ch. qu'à l'aller (**22.2** — Côtes : 15', 2', 16', 4' et passage à pied 20').

Laissant à dr. le ch. de Hautes-Rivières (*V*. ci-dessus), on descend à g. dans Lavaldieu pour gagner le pont suspendu de Monthermé (**1** — Ch.-l. de c. — 4.150 hab.). Sur l'autre rive, monter la r. de Charleville (15.2 par la r. des bois) pendant trois cents m. (3'), puis la quitter pour prendre à dr. le ch. de Laifour.

Celui-ci côtoie la Meuse dans une partie solitaire de la vallée. Après un premier passage à niveau, au hameau du Moulineau (**3.9**), se détache à g. le ch. de Revin (14) par Les Mazures (6.7). Ce ch. sera suivi par les automobiles et motocycles qui ne pourraient utiliser plus loin le ch. de halage de la Meuse (*V*. ci-dessous).

Une petite montée précède Deville (**0.5**) ; dans ce village, quelques ondulations et un caniveau. Second passage à niveau ; on passe devant la fonderie *Mairas*. La contrée s'assombrit ; après un troisième passage à niveau et une côte (3'), apparaissent sur la rive dr. le château et les forges de la *Commune*. Négligeant une r. qui mène à dr. au bac des forges, on descendra plus loin, au delà d'un dernier passage à niveau, dans Laifour (**4.6**).

Cette petite localité, renommée pour ses fritures, est située vis à-vis des *roches de Laifour*, énormes escarpements abrupts qui bordent la rive opposée. La r. cessant à Laifour, le cycliste doit se diriger, à dr., vers le café du *Passage d'Eau* et demander le passeur pour traverser en barque (25 c.) la Meuse.

On aborde la rive dr., vis-à-vis la *borne 49* du ch. de halage qu'il faut suivre à g.. Le sol étant passablement caillouteux, il faut rouler avec précaution, tantôt sur la bordure du ch., tantôt sur un sentier mal tracé. On devra même, de temps à autre, descendre de machine dans les plus mauvais endroits, ainsi que lorsqu'on rencontrera des attelages remorquant des bateaux.

Après être passé sous le pont du ch. de fer et avoir contourné l'angle d'un rocher en forme d'éperon, on pénètre dans un sauvage et grandiose défilé. A g., se dressent à pic les *Dames de Meuse*, sinistres masses rocheuses au pied desquelles d'importantes carrières sont exploitées. On longe le barrage, le canal et l'écluse des Dames de Meuse, puis on passe de nouveau sous un second pont biais de la ligne du ch. de fer (**4**). Le paysage se découvre; sur la rive g., le petit village d'Auchamps se blottit entre les arbres (**1**).

Quinze cents m. plus loin, on quittera (**1.5**) sans regret le ch. de halage pour prendre à dr. un autre ch. montant (5'), d'abord mal entretenu, qui s'éloigne de la rivière et coupe au court. Il s'améliore à la descente suivante, en venant rejoindre le niveau de la Meuse, tout en restant parallèle au-dessus du ch. de halage. On arrive ainsi en vue de Revin, nouveau centre industriel dans une partie élargie de la vallée.

Le ch. passe au-dessus de l'entrée d'un canal souterrain, qui évite à la navigation un détour de cinq kil., et, après une montée (3'), franchit un passage à niveau. Vingt-cinq m. plus haut, on arrive (**2.6**) sur une petite place triangulaire, à l'angle du café des *Vieux-Frères*.

Ici, deux itinéraires se présentent, soit qu'on veuille faire étape à Revin, soit qu'on continue dans la direction de Fumay et de Givet.

Dans le premier cas, après avoir dépassé une sorte de place rectangulaire, à dr., on atteint le pavage (5') de la ville. Suivre la rue à g., la rue de la *Halle*, qui conduit près d'un lavoir couvert, édicule en brique et pierre, situé au coin de la rampe macadamisée descendant à g. au pont suspendu. De l'autre côté de ce pont, la première large voie montante (2'), à g., mène à la gare près de laquelle se trouve l'hôtel *Latour* (1).

Si l'on ne doit pas s'arrêter à Revin, à la petite place du café des *Vieux-Frères* (V. ci-dessus), on descendra une rue rapide à dr. qui aboutit sur le quai de la Meuse et l'on se dirigera à g. vers l'autre pont suspendu de Revin donnant accès à la r. de Fumay (0.5).

Pour mémoire. — De Revin à Chimay (Belgique), par le fourneau Saint-Nicolas (2.5), **Rocroi** (9.5 — Ch.-l. d'arr. — 2.193 hab. — Hôt. du *Commerce*), Régniowez (7.5), l'étang de Haute-Nimelette (5.5), Bailleux (8.4) et Chimay (4.8 — 3.000 hab. — Hôt. de l'*Univers*).

Cette r. quitte Revin par le faubourg de la *Bouverie* et longe la rive g. de la *Meuse* jusqu'aux usines du fourneau Saint-Nicolas. Elle remonte ensuite le pittoresque val de *Misère* pour gagner, par une longue côte, le haut plateau de Rocroi. Après Régniowez, on traverse la frontière en descendant vers le vallon de l'*Eau-Noire*, suivi en partie; ondulations légères. Le château de Chimay, au prince de ce nom, est une des plus belles propriétés privées de la Belgique méritant une visite.

DE REVIN A GIVET

PAR FUMAY, FÉPIN, MONTIGNY-SUR-MEUSE ET VIREUX-MOLHAIN.

Distance : **31** kil. **600** m. *Côtes* : **1** h. **5** min. *Pavé* : **18** min.

Nota. — Route très roulante, présentant toutefois quelques montées. Deux côtes dures, longues de huit cents m. et d'un kil., précèdent Givet.

S'arranger pour arriver de bonne heure à Givet afin de pouvoir consacrer une partie de l'après-midi à l'excursion de la grotte de Nichet, *V*. page 29.

Sortant de l'hôtel *Latour*, descendre à dr. l'avenue de la gare. Au bas, laisser à g. les r. des Mazures (**3.4**) et de Rocroi (**12**), qui bifurquent à cinq cents m. de là, et traverser le pont suspendu, sur la *Meuse*, à dr. Gravir la rampe (5') qui conduit à l'angle du lavoir, qu'on connaît déjà, puis, traversant la petite place, descendre vis-à-vis la rue pavée (3') menant au second pont suspendu de Revin (**1**).

De l'autre côté du pont, la r. de Fumay, taillée d'une part dans le roc et abritée de l'autre par une rangée d'arbres, s'élève à dr. pendant sept cents m. (7'). On domine le cours du fleuve et la sortie du canal souterrain destiné à la batellerie. La vallée, déserte, d'un bel aspect, est environnée de monts couverts de bois.

Descente au niveau de la rive, suivie de légères ondulations. La r. décrit une vaste courbe et passe devant de grandes carrières. Elle monte ensuite (7'), à partir du hameau de Saint-Joseph (**6.5**), jusqu'en vue de la gare de Fumay (**0.4**).

Ici, se présentent deux itinéraires qui se rejoignent à la place d'*Armes* de Fumay. Ils sont à peu près d'égale longueur et se valent. Celui qui descend à dr., vers la gare, traverse un passage à niveau, puis la r., à g., d'abord en bordure de la Meuse, monte ensuite (8') vers Fumay pour aboutir à la place d'*Armes*, qu'on traverse encore à g. pour prendre la r. de Givet. Si l'on continue à g., en laissant le ch. de la gare à dr., on gravit bientôt une côte assez dure (8') découvrant une belle vue. Au sommet, rejoignant la r. de Rocroi (17), on descend rapidement à la place d'*Armes* de Fumay (**1.3** — Ch.-l. de c. — 5.281 hab. — Hôt. du *Soleil-Levant*), où la r. de Givet continue à g.

Le gros de la ville de Fumay, se trouve à dr. On peut se rendre à l'église, bel édifice moderne, par la rue qui débouche au bas de la place d'Armes. De l'église, en se dirigeant par l'une des rues à dr. du portail, on atteint la promenade du *Batis*, plantée de magnifiques tilleuls ; jolie vue sur le circuit de la Meuse.
Autour de Fumay sont exploitées de nombreuses et importantes ardoisières.

Au bas de la descente (**0.3**), près d'une grande ardoisière, se détache à g. le ch. d'Oignies (7) et du Mesnil (9.5) localités sur le territoire belge, dont la pointe, à g., vient presque toucher la Meuse ; continuer à dr. dans la direction de Fépin.

Après un passage à niveau, la r., excellente et plate, longe la rive, ainsi que la voie ferrée. A dr., gare d'Haybes (**2.7**) ; à g., ardoisières de la *Providence* (**0.9**). De beaux vallons boisés descendent à la vallée ; côte de six cents m. (8').

Au delà de Fépin (**1**), une pente agréable ramène au niveau du fleuve dans un site pittoresque ; petite montée (3'). Les collines des deux rives s'abaissent, le paysage devient riant dans la vallée qui s'élargit. On traverse le village de Montigny-sur-Meuse (**3.1**) auquel succèdent une courte montée (2') et de légères ondulations.

La r. passe sous le ponceau d'une exploitation de carrières de grès, puis franchit de nouveau le ch. de fer (**2.8**) avant d'atteindre Vireux-Molhain (**1.2** — Hôt. de la *Gare*). On laisse : à dr., le pont suspendu reliant Vireux-Molhain à Vireux-Wallerand, et, à g., de grandes forges, sur le bord du *Virouin*, affluent de la Meuse. La r. s'éloignant de cette dernière, qui contourne à dr l'éperon du mont *Chamel*, s'élève par une rampe accessible, longue de onze cents m. et tracée en ligne droite, jusqu'en vue du village de Hierges. Celui-ci, à g.. est dominé par les restes imposants d'un château flanqué de grosses tours rondes (**7.1**). On franchit de nouveau la ligne de ch. de fer pour gravir, après le ruisseau de la *Jonquière*, une première côte de huit cents m. (10') découvrant une vue splendide sur la vallée de la Meuse et les montagnes boisées des Ardennes. Descente ; à dr., grandes usines de tuyaux de fonte. Seconde côte d'un kil., encore plus dure (15'), suivie d'une descente de dix-sept cents m., au début très rapide.

La r. fait un coude dans un étranglement, au fond duquel est creusée la tranchée du ch. de fer, pour déboucher sur le large bassin de Givet dont le mont d'*Haurs*, à dr., et le promontoire escarpé que couronne la forteresse de Charlemont à g., forment la majestueuse entrée. Du côté gauche, d'immenses carrières entament les versants abrupts qui se dressent au-dessus du hameau des Trois-Fontaines (**5.1**), exclusivement habité par des carriers.

On croise le ch. de fer et, cotoyant la Meuse, on atteint la porte fortifiée de Givet (**1** — Ch. l. de c. — 7.100 hab. — Café de l'*Europe*), resserrée dans un étroit passage, entre le rocher de Charlemont et le fleuve. Une immense caserne, longue de quatre cents m., borde la r., qui lui sert pour ainsi dire de cour, car c'est au delà d'une grille qu'on aborde le pavage de la ville (15'). Celui-ci commence avec le quai du *Fort-de-Rome*, prolongé par le quai des *Fours*. Appuyant un peu à g., la rue *Saint-Hilaire* aboutit sur la place *Carnot* (**1.2**), centre de la ville.

Pour se rendre à l'hôtel recommandé du *Mont-d'Or*, un des meilleurs de la région (cuisine renommée), suivre vis-à-vis la rue *Thiers;* l'hôtel est situé à cent m. de la place, au n° 14. (**0.1**)

Visite de la ville de Givet (environ 1 h.). — Sur la place *Carnot*, prenant, à l'angle de l'Hôtel de Ville, la rue d'*Orléans* continuée par les rues d'*Anjou* et *Méhul*, on ira à la place *Méhul*, ornée de la statue de ce compositeur.

De la place Méhul, revenir à la place Carnot et suivre, à g. de l'église, la rue *Gambetta*, à dr., puis la rue du *Cygne*, à g. Cette dernière aboutit au pont de la *Meuse*, qui relie Givet-Saint-Hilaire, ou le *Grand-Givet*, à Givet-Notre-Dame, ou le *Petit-Givet*.

De l'autre côté du pont, si l'on suit le quai de *Rancennes*, à dr., on arrive, près de l'exploitation d'une carrière, à l'entrée d'un sentier qui gravit la pente du *Mont d'Haurs* et mène à la *tour Grégoire*, petit édicule planté à mi-côte, d'où l'on jouit d'un beau panorama sur la vallée, la ville de Givet et le fort de *Charlemont*.

Charlemont, situé en face du Mont d'Haurs, abrite une population mixte, civile et militaire, mais sert plutôt de caserne. La circulation sur les remparts du fort étant interdite, on ne peut profiter de la vue, aussi pourra-t-on négliger cette promenade après avoir fait celle de la tour Grégoire.

Excursions recommandées au départ de Givet. — La grotte de Nichet (**7** kil. **200** m., aller et retour — Côtes : 11' — Pavé : 10').

Itinéraire : A l'angle de l'hôtel du *Mont-d'Or* suivre, à g., la rue d'*Estrée* (Pavé : 4') et traverser la Meuse. De l'autre côté du pont, dans le Petit-Givet, descendre le quai à g. en laissant à dr. la promenade, avec kiosque pour musique, l'église et la rue *Notre-Dame*. On franchit la *Houille*, près d'un moulin ; puis, après cent m. de pavage (1'), parvenu vis-à-vis le passage à niveau, on prendra à dr. le boulevard qui remplace les anciens remparts du Petit-Givet. Au croisement de la rue pavée de la ville, traverser à g. les anciens fossés ; ensuite tourner à g. pour franchir le passage à niveau d'une ligne desservant les usines de Flohimont (*V.* page 30).

Quelques m. plus loin, laissant à g. (**1.6**) le ch. de Beauraing (8.8), on montera à dr. (4') la r. de Fromelennes. Celle-ci descend bientôt vers ce village, situé dans une plaine ondulée, à l'entrée du vallon de la Houille. S'arrêter à la place de l'église de Fromelennes (**1.6**) pour prendre au café *Thery*, à dr., son billet pour la visite de la grotte (prix : 2 fr. par personne et pourboire facultatif au guide). Continuer ensuite à travers le village pendant deux cents m. ; puis, quittant (**0.2**) la r. de Flohimont et de Landrichamps (*V.* page 30), monter à g. (2') le ch. de Mon-Choix (1). Ce ch. passe devant la mairie de Fromelennes (**0.2**) où les cyclistes pourront laisser leur machine en garde. Parcourant encore deux cent cinquante m., à pied (3'), sur le ch. de Mon-Choix, qui se dirige vers le ravin aride de Dion-le-Val, on atteindra une cabane de douaniers, à g. Ici, gravir à g. (8') le sentier tracé en zigzag, sur le versant du mont *Nichet*, pour gagner l'entrée de la grotte signalée par un drapeau. A g., se trouve le châlet-buvette où l'on trouvera le guide auquel on remettra son billet.

Au-dessus de la grotte, magnifique point de vue.

La *grotte de Nichet*, d'un accès facile, présente plusieurs salles intéressantes et de curieuses pétrifications (durée de la visite, environ 1 h.).

Retour à Givet par le même ch. qu'à l'aller (**3.6** — Côte : 5' — Pavé : 5').

La vallée de la Houille. — En continuant la r. au delà de Fromelennes (**3.4** — *V.* page 29), on arrive à Flohimont (**1.4**), dont les grandes usines sont les plus importantes de France pour la fabrication du cuivre, et l'on atteint ensuite le village de Landrichamps (**3.2**) où la r. de voiture cesse. Le parcours de cette petite vallée est très joli.

Les grottes de Han et de Rochefort. — D'après le plan du voyage, le cycliste aura l'occasion de visiter les grottes de Han et de Rochefort à son retour, soit de Dinant (*V.* page 77), soit de Durbuy (*V.* page 73); cependant s'il désirait se rendre directement de Givet à Han-sur-Lesse et à Rochefort (**36.6** — Côtes : 2 h. 9'), il pourra suivre la r. ci-dessous par Beauraing, Pondrôme, Wellin, Ave, Han-sur-Lesse et Rochefort.

Itinéraire : De Givet au ch. de Beauraing (**1.6**), *V.* page 29. Le ch. de Beauraing se détache à g. de la r. de Fromelennes et monte plus ou moins rapidement jusqu'à Beauraing (Côtes : 4', 4', 12' et 7'). Au hameau du *Pavillon Français* (**1.8**), se trouve le bureau de la **douane française** (pour les formalités du plombage, *V.* page 22) et, au hameau suivant du *Petit Caporal* (**2.2**), le bureau de la **douane belge** (pour les formalités, *V.* page 22).

A Beauraing (**4.8** — Ch. l. de c. — 1.700 hab. — Hôt. du *Nord*) — où l'on pourra visiter dans un parc magnifique (30' aller et retour à pied) les ruines du château du duc d'Ossuna, détruit par un incendie en 1889 — on laisse successivement à g. la r. d'Anseremme (19), puis celle de Rochefort (23.5) par Focant (6.2).

A la sortie de Beauraing, côte de quinze cents m. (20), dominant la vaste plaine de la Famenne ; ensuite la r., traversant une région fertile mais peu ombragée, présente une succession de montées et de descentes (Côtes : 7', 10', 3', 17', 9', 5', 6') jusqu'à Wellin. Après Pondrôme (4), on franchit la *Wimbe*, l'unique cours d'eau au milieu de ces grandes plaines accidentées.

De Wellin (8) à Han-sur-Lesse (**8.3**) et Rochefort (**5.9** — Côtes : 25'), *V.*, page 83, l'itinéraire de *Rochefort* à *Gedinne*, en sens inverse.

Pour mémoire. — De **Givet** à **Chimay** (Belgique), par La Maison-Blanche (**2.5**), Doische (**4.8**), Gimnée (**2.7**), Romerée (**3**), Montagne-la-Petite (**3.1**), Montagne-la-Grande (**2**), Fagnolles (**4**), Mariembourg (**3.7**), Couvin (**4** — Hôt. du *Chemin-de-fer*) et Chimay (**10.5** — 3.000 hab. — Hôt. de l'*Univers*).

Route assez accidentée ; région pittoresque ; on traverse la frontière à La Maison-Blanche.

De **Givet** à **Beaumont** (Belgique), par La Maison-Blanche (**2.5**), Villers-le-Gambon (**15.5**), **Philippeville** (**4.5** — Ch.-l. d'arr. — 1.450 hab. — Hôt. *Merveille*), Silencieux (**10**), Boussu-les-Walcourt (**2.5**), Barbençon (**6.5**) et Beaumont (**4** — 3.000 hab. — Hôt. du *Mouton-Bleu*).

Route accidentée ; nombreuses côtes.

De **Givet** à **Arlon** (Belgique), par Beauraing (**10.4**), Pondrôme (**4**), Wellin (**8** — Hôt. de l'*Univers*), Halma (**1.3**), Neupont (**2**), carrefour de Transinne (**9.5**), Libin (**6.2**), Recogne (**10**), **Neufchâteau** (**11** — Ch.-l. d'arr. — 2.500 hab. — Hôt. des *Postes*), L'Eglise (**8**), Anlier (**7.5**), Habay-la-Neuve (**6**) Hemsch (**9**) et Arlon (**5** — *V*. page 101).

De Givet à Wellin, *V*. page 29. Après Wellin, la r. traverse un plateau, puis, descend rapidement vers Halma pour rejoindre la vallée de la *Lesse*. Au delà de Neupont, côte de quatre kil. et demi dans les bois de Transinne. Plateau ondulé, ensuite descente à Libin. Côte de deux kil., puis terrain plat jusqu'à Recogne. Entre ce village et Neufchâteau, montée et descente d'un kil. Côte dure de quinze cents m. à la sortie de Neufchâteau, ensuite très ondulé ; succession de petites montées et descentes. Traversée des bois sauvages d'Anlier et descente aux pittoresques étangs de la Trapperie, dans les parages d'Habay-la-Neuve.

DE GIVET A DINANT

PAR BON-SECOURS, LES QUATRE-CHEMINÉES, HEER-AGIMONT, HERMETON-SUR-MEUSE, HASTIÈRE-LAVAUX, WAULSORT ET NEFFE.

Distance : **39** kil. **600** m. (excursion comprise du château de Walzin, allongeant de 9 kil.)
Côtes: **10** min. *Pavé:* **10** min.

Nota. — Route très légèrement ondulée entre Givet et Hastière-Lavaux ; ensuite plate jusqu'à Dinant.

Le cycliste, s'il n'a pas déjà fait apposer un plomb à sa machine à la douane française de Hautes-Rivières (*V.* page 22), ne devra pas oublier de faire plomber sa bicyclette au bureau de la douane à la gare de Givet. On remplira cette formalité, en quittant la ville, comme il est indiqué dans l'itinéraire ci-dessous.

A la sortie de l'hôtel du *Mont-d'Or*, suivre à dr. la rue *Thiers* (Pavé : 1'); elle passe entre une caserne et un nouveau square; puis, à son extrémité, tourne brusquement à g. sous le nom d'avenue de la *Gare*. Parvenu à hauteur du bureau de l'octroi (**0.6**) et du ch. de Bon-Secours, qu'on doit prendre à dr., ne pas manquer de se rendre auparavant à la gare de Givet pour faire plomber sa machine, afin de ne pas avoir de frais de douane à payer quand on rentrera plus tard en France.

Le bureau de la **douane française** se trouve à la gare de Givet, situé à trois cents m. du ch. de Bon-Secours. On plombe les bicyclettes, tous les jours, de 7 h. du matin à 7 h. du soir.

Le ch. de Bon-Secours, à dr., traverse la plaine dans la vallée de la *Meuse*, ici très élargie ; à g., sur une hauteur, le *château d'Agimont*. Au hameau de Bon-Secours (**0.8**), se détache à g. le ch. de La Chaumière (1.6) ; continuer devant soi. Après le passage à niveau de la ligne des *balastières*, vient le dernier hameau français des Quatre-Cheminées (**1**), à l'extrême pointe du département des Ardennes, dont l'étroite bande se trouve resserrée entre la voie du ch. de fer et le canal latéral de la Meuse. On entre en Belgique au hameau du Bac-du-Prince (**1.5**).

Le bureau de la **douane belge** est situé à dr., sitôt un petit fossé franchi. S'y arrêter pour faire sa déclaration d'entrée et remplir les formalités comme il a été indiqué page 22.

Quelques m. plus loin, le ch. rejoint la r. royale qui passe devant la gare de Heer-Agimont (**0.5**). La r., ondulée, longe la Meuse tandis que la vallée, très riante, se rétrécit de nouveau : passage à niveau d'Hermeton (**2.7**), ce village au débouché d'un vallon boisé ; petite descente. De fraîches prairies égayent les méandres du fleuve. Après un autre passage à niveau, on arrive à Hastière-Lavaux (**2.4**), charmant lieu de villégiature.

Sur la place de l'église se trouve, à g., l'hôtel d'*Hastière*, excellente maison entourée d'un joli jardin. La r. continue à dr. pour franchir la voie ferrée et laisser à dr. le pont de fer qui relie Hastière-par-delà, sur l'autre rive. Restant sur la rive g., on pénètre dans l'une des parties les plus pittoresques de la vallée. Celle-ci décrit une admirable courbe entre des escarpements rocheux, bien boisés, présentant de jolies découpures.

Le village de Waulsort, autre centre de villégiature (**4.1** — Hôt. *Martinot*), vient ensuite et est environné de nombreuses villas ; à g., le *château de Waulsort* déploie ses jardins en terrasse jusqu'à la r. Celle-ci, de niveau à la Meuse, épouse tous ses contours ; à dr., superbes rochers.

Plus loin, on passe au pied du *château de Freyr*, sorte de petit Versailles. A l'angle de cette belle propriété, se détache à g. (**3.7**) un ch. conduisant à la *grotte de Freyr* (20' de distance ; entrée 1 fr., s'adresser à la maison du garde), moins intéressante cependant que celle de Nichet (V. page 29).

A la courbe suivante, dans un charmant paysage de la vallée, apparait au loin le pont métallique du ch. de fer. A g., le tunnel de la ligne est creusé dans le vif du gigantesque rocher de *Monial*, tandis que sur la berge d'en face se groupent les maisons d'Anseremme, à l'embouchure de la *Lesse*. On atteint le pont du ch. de fer (**2.0**).

Parvenu au pont, le cycliste qui voudra visiter l'une des plus gracieuses parties de la **vallée de la Lesse** et le site pittoresque du **château de Walzin**, une des curiosités du pays, devra quitter momentanément la r. de Dinant et faire un détour de neuf kil.

Montant à g. la rampe du pont (à pied : 7'), on traversera la Meuse et ses barrages sur la passerelle contiguë au pont biais du ch. de fer. De l'autre côté du pont, descendre à g. : puis, ayant franchi le pont *Saint-Jean*, sur la Lesse, tourner à dr. devant l'hôtel de la *Lesse* (**0.6**). Le ch. remonte la rive dr. de la rivière (petite montée et descente), qu'on franchit une première fois au coude brusque qu'elle décrit à g., en contournant un des plus beaux massifs rocheux de la vallée.

Après une charmante prairie (Côte : 2'), on dépasse une ferme importante, puis on revient sur la rive dr. de la rivière, quelques ondulations ; à g., le *château de Pont-à-Lesse* jette une note de rouge intense sur la verdure environnante. Une courte descente précède le berceau d'arbustes sous lequel s'engage le ch. qui remonte (1'). A la bifurcation, se détache à g. une avenue privée ; continuant à dr., bientôt on arrive aux bâtiments dépendant du moulin de Walzin, au pied de l'énorme rocher à pic sur lequel se dresse le château.

Ici, se diriger à g. vers le moulin (**3.0** — à pied : 2') et traverser une cour pour arriver au bac où un passeur conduit (25 c.) sur la rive opposée. On aborde une prairie qu'on traversera en biais pour se rendre vers la lisière du petit bois qu'on aperçoit. De ce point, le site du *château de Walzin* apparaît dans toute sa beauté.

Revenir ensuite à la vallée de la Meuse et repasser le pont du ch. de fer (à pied : 2') pour reprendre la r. de Dinant sur la rive g. (**4.5** — Côtes : 2', 2' et 3') ; celle de la rive dr. étant en partie pavée.

La r. ne tarde pas à longer le faubourg de Neffe (**1.1**), en bordure de la Meuse, tandis qu'on remarque sur la rive dr. l'entrée de vastes carrières de marbre noir exploitées sur le versant de la montagne. Un peu plus loin, deux tranches aiguës de roches se dressent au-dessus des habitations; la plus curieuse de ces roches, la *Roche à Bayard*, en forme de grande aiguille, émerge du fleuve.

Pittoresque arrivée au pont de Dinant (**1.3** — Pavé 2' — Ch. l. d'arr. — 6.500 hab. — Café du *Casino*) en vue de cette intéressante ville, resserrée entre les deux rives de la Meuse et un énorme rocher que couronne une ancienne citadelle.

Ici, abandonnant la direction de Namur (V. page 38), le pont, à dr., conduit à la place *Notre-Dame*. Au fond de cette place, suivre à dr. la rue *Grande* (Pavé : 7') qui passe devant l'Hôtel de Ville, à dr., et laisse à g. une rue menant au Palais de Justice. On traverse la petite place *Saint-Nicolas* et immédiatement, à l'entrée de la rue *Léopold*, vis-à-vis, on s'arrêtera à dr., au n° 30, à l'hôtel recommandé des *Ardennes* (**0.2**).

Visite de la ville de Dinant (environ 2 h.). — Sortant de l'hôtel des *Ardennes*, suivre à g. la rue *Grande* jusqu'à hauteur du n° 47. Ici, prendre à dr. la ruelle qui conduit à la porte du gardien de la grotte de Mont-Fat (entrée, 75 c.); visite de la grotte et des points de vue de Mont-Fat. Sortir de la grotte par l'escalier intérieur et se faire indiquer le ch. du fort de Dinant, qui suit la crête de la colline. Visite du fort de Dinant (entrée, 50 c.), puis descente en ville par l'escalier de 408 marches aboutissant sur la place *Notre-Dame* où s'élève l'église de ce nom. Retour à l'hôtel par la rue *Grande* ou le quai.

Excursions recommandées au départ de Dinant. — Le château de Spontin et les **ruines de Poilvache** (**35** kil. **500** m., aller et retour — Côtes : 1 h. 47' — Pavé : 23').

Itinéraire : A la sortie de l'hôtel des *Ardennes*, suivre à g. la rue *Grande* (Pavé : 10') jusqu'au croisement de la rue du *Palais-de-Justice*. Ici tourner à g., puis, au quai, à dr. Passer sous la voûte du pont et continuer le quai jusqu'au barrage de la Meuse. A cet endroit, quittant le bord de la rivière (**1.8**), s'engager dans la petite ruelle à dr. (Pavé: 1'). Au débouché de la ruelle, gravir à g. la longue côte (35' et 2') de la r. de Loyers qui domine les *fonds de Leffe*. Parvenu sur la crête du plateau, continuer à dr. jusqu'au village de Loyers (**3.1**) où se détache à dr. la r. de Lisogne (2), qu'on néglige, pour monter à g. (Côte : 20') dans la direction de Dorinne.

Au sommet du plateau, au carrefour des *Quatre-Bras*, croise le ch. de Lisogne (2) à Evrehailles (5); descente douce. En vue de

Dorinne (3.0), suivre à dr. le ch. de Spontin et, à la première bifurcation, continuer à g. pour passer dans le bas du village de Dorinne. Deux côtes (4' et 2') précèdent la rapide descente conduisant à Spontin, antique village dans un fond verdoyant arrosé par le *Bocq*. A la place, laissant à g. le ch. de Durnal, qu'on prendra au retour du château, continuer devant soi, et, ayant dépassé l'hôtel du *Bocq* (déjeuners à toute heure), infléchissant à g. on se trouvera devant l'entrée du *château de Spontin* (3.4).

Après avoir visité ce ravissant castel (30' — pourboire, 50 c.), revenir à la place du village et prendre à dr. le ch. de Durnal. Celui-ci suit un moment la romantique vallée du Bocq et passe devant le châlet des *eaux minérales de Spontin*. Il remonte ensuite (Côtes : 15' et 15') par un ravin boisé vers le plateau et gagne, entre des bordures de haies, le village de Durnal (3.0). Passant à g. de l'église on aboutira, plus haut, sur une r. transversale qu'on devra suivre à g. ; vue étendue.

Parvenu à un carrefour, à l'angle d'une maison isolée, devant un ch. gazonné, tourner à dr.; puis, presqu'aussitôt, à g. Le terrain devient mauvais et c'est par une pente des plus rapides qu'on descend dans le vallon pittoresque de Crupet, village qui donne son nom au ruisseau.

Au bas de la côte (2.7), tourner à g. à l'angle d'une petite chapelle à clochetons, dédiée à Saint-Roch. On monte quelques m. (3), puis on descend rejoindre dans le gracieux vallon la r. d'Assesse à Yvoir ; la pente s'adoucit. Plus bas, on franchit le Bocq, qui se jette ici dans le ruisseau de Crupet, puis on passe devant une immense carrière de granit, au flanc de la colline gauche.

Au village d'Yvoir (7.4 — Café du *Bocq* — Hôt. des *Touristes*), la r., aboutissant dans la vallée de la *Meuse*, tourne brusquement à g. (Pavé : 2' — Côte : 3'); ensuite elle descend à dr. pour traverser la voie du ch. de fer et laisser à dr. (montée : 1') le pont qui relie les deux berges du fleuve.

On continue à remonter la rive dr. de la Meuse, à travers des prairies, et on arrive à la voute du ch. de fer près la halte de Houx (2.7).

De l'autre côté de la voûte, au débit : *A l'arrêt du Train*, se trouve la clef qui permet d'entrer dans l'enceinte des *ruines de Poilvache* (50 c.). Celles-ci, situées à g., au sommet d'un plateau surplombant la vallée, se résument en des vestiges de tours et d'un long mur d'enceinte qui formaient une sorte de camp retranché ; on y jouit d'un panorama merveilleux sur la vallée. L'ascension et la visite demandent environ 1 h. 1/4.

Cent m. plus loin, traversée du village de Houx et, après deux petites côtes (5' et 2') d'où l'on découvre le donjon de Crevecœur, également en ruine, au-dessus de Bouvignes, sur la rive opposée, on atteint les premières maisons du quai de Dinant (Pavé : 10').

Retour à l'hôtel des *Ardennes* (6.3) par le même itinéraire suivi au départ.

Pour mémoire. — De **Dinant** à **Arlon**, par Boisselles (**6.9**), Celle (**2**), Herock (**7.3**), bifurcation de la Belle-Vue (**2.6**), Halma (**10.5**), Neufchâteau (**38.7**) et Arlon (**35.5** — *V.* page 101).

De Dinant à la bifurcation de la Belle-Vue, *V.* page 77. La r. continue très ondulée et traverse de jolis bois. Côte d'un kil. après avoir franchi le ruisseau de la *Wimbe*, puis descente vers Halma. D'Halma à Arlon, *V.*, page 31, de *Givet à Arlon*.

De **Dinant** à **Philippeville**, par Onhaye (**6**), Anthée (**5.5**), Rosée (**5.5**) et Philippeville (**11** — Ch.-l. d'arr. — 1.150 hab. — Hôt. *Merveille*).

Cette r. présente quelques côtes et descentes entre Onhaye et Rosée. Après Rosée, une montée assez longue; ensuite terrain presque plat.

De **Dinant** à **Liège**, trois routes:

A. — Par Namur et Huy, *V.* les itinéraires des pages 38, 45 et 48.

B. — Par Leffe (**1.8**), Loyers (**3.1**), Dorinne (**3.9**), Spontin (**3.1**), Florée (**8**), Ohey (**9**), Perwez-Condroz (**4.5**), **Huy** (**13.5** — *V.* page 47) et Liège (**32.2** — *V.* page 51).

De Dinant à Spontin, *V.* page 35. De Spontin à Florée, trois longues et fortes côtes; terrain très médiocre jusqu'à Ohey, ensuite meilleur et plat. Descente rapide en arrivant à Huy.

C. — Par Sorinne (**6**), Achène (**5**), **Ciney** (**6** — 1.000 hab. — *Grand-Hôtel*), Hamoir (**6.5**), Havelange (**9**), Pailhe (**1.2**), Pont-de-Bonne (**2.5**), Fraineux (**11.5**), Neuville-en-Condroz (**6**), Yvoz (**1**) et Liége (**13.2**).

Longue montée pour atteindre le plateau de Sorinne, puis descente d'un kil. en arrivant à Ciney. Après cette ville, deux descentes sont partagées par une côte; ensuite fortes ondulations jusqu'à Hamoir. Un pavage de quinze kil. rend la r. impossible entre Hamoir et Pailhe. Au delà de ce dernier village, on rencontre alternativement des parties pavées ou macadamisées. D'Yvoz à Liège, *V.* page 49.

DE DINANT A NAMUR

PAR BOUVIGNES, ANHÉE, MOULINS, ROUILLON, RIVIÈRE, PROFONDEVILLE, WÉPION ET LA PAIRELLE.

Distance : **53** kil. **200** m. (excursion comprise du château de Montaigle et de l'abbaye de Maredsous, allongeant de 24 kil. 800 m.)
Côtes : **10** min. *Pavé :* **17** min.

Nota. — Excellente route, sur la rive g. de la Meuse. Quelques petites montées insignifiantes au delà de Moulins.

En été, un service de bateaux à vapeur a lieu entre Dinant et Namur une fois par jour (prix : 1 fr. 70 et 1 fr.; trajet en 3 h. 1/2).

Le cycliste qui, arrivé à Namur, ne veut pas continuer l'itinéraire de Namur à Rochefort, par Huy, Liège, Spa, R nouchamps, Durbuy, Marche et Rochefort (*V.* pages 45 à 76), ma , qui préfère revenir à Dinant pour se rendre ensuite directement vers Rochefort (*V.* page 77), pourra regagner Dinant en ch. de fer (dans le wagon, pour la vue, se placer à droite dans le sens du train. — Trajet en 50 min., prix : 2 fr. 25, 1 fr. 70, 1 fr. 10; taxe par bicyclette, 0.70 c. Sur les lignes belges de ch. de fer, on doit retirer le bagage attaché à la bicyclette et aider au chargement et au déchargement de celle-ci dans les stations).

Sortant de l'hôtel des *Ardennes*, suivre à g. la rue *Grande* (Pavé : 17') jusqu'à la place *Notre-Dame* où l'on tournera à g. pour traverser la *Meuse*. De l'autre côté du pont, la rue de la *Station*, à dr., passe devant la gare et conduit au premier passage à niveau du ch. de fer. Ici, cesse le pavage.

Descente légère vers Bouvignes (**2.3** — Pavé : 5'), jadis ville rivale de Dinant, au pied de pittoresques ruines. La r. se déroule à plat, entre des escarpements rocheux et la voie ferrée, jusqu'à la plaine d'Anhée ;

malheureusement le parapet de la ligne, à dr., masque trop la vue.

Le donjon carré des *Géronsarts*, ainsi que les murailles en ruines de *Poilvache* (V. page 36), sur la falaise escarpée de la rive opposée, dominent tout le paysage. Après la plaine, viennent les deux villages d'Anhée et de Moulins qui se touchent ; dans le second, se détache (**5.1**) à g. d'un vieux tilleul, la r. de Bioulx qu'on devra suivre si, avant de se diriger vers Namur, on désire visiter les ruines de Montaigle et l'abbaye de Maredsous, en allongeant le trajet de vingt-quatre kil. huit cents m. Dans ce cas, pour alléger sa machine, on déposera son bagage à l'hôtel de la *Roche*, voisin du tilleul, pour le reprendre au retour.

La r. de Bioulx passe devant d'importants moulins et remonte la vallée de la *Molignée*. Cinquante m. au delà du passage à niveau de Warnant, laisser à g. la direction de Haut-le-Wastia et suivre à dr. le ch. en bordure de la ligne. A la prochaine bifurcation, ne pas traverser le ch. de fer, mais continuer à g. en longeant une rangée de peupliers. On passe en vue de la gare en brique de Warnant (**2.5**), à dr. Plus loin, ayant franchi la voie (Montée : 1'), on pénètre dans le vallon très rétréci de la Molignée ; négliger le ch. qui monte à dr. et continuer à g. au fond du défilé.

La r., en rampe douce, passe sous cinq ponts du ch. de fer et ne tarde pas à découvrir à g., entre les deux derniers, les ruines du **château de Montaigle**, les plus intéressantes de la contrée, au confluent de la Molignée, devenue le *Flavion*, et du ruisseau de *Sosoye*. Dépassant un atelier de polissage de pierres, à g., quelques m. plus loin, on arrive à hauteur du hameau de Foy (**1.2**).

Ici, traverser le petit pont à g. et s'arrêter à dr. à la bonne auberge de la *Truite-d'Or* où on laissera en garde sa machine. Un ch. courbe, à dr. de l'hôtel, conduit entre des haies au hameau où réside le guide des ruines de Montaigle, au café *Godelaine* (durée de la visite, aller et retour, 30'; entrée, 50 c.).

Au delà de Foy, la r. gagne la gare de Falhaen (**0.9** — Montée : 2' — Hôt. de la *Molignée*), où se détache à g. le ch. de cette localité (1.5). Bientôt on voit les deux clochers de Maredsous pointer au-dessus des collines. Après une petite côte (2'), descente à Sosoye (**1.7**). Devant la voute du ch. de fer, tournant court à dr., on traversera le ruisseau pour remonter (2') ensuite à g. Le ch. et le cours d'eau passent ensemble deux fois sous la ligne et décrivent de jolis circuits. La rampe s'accentue légèrement, tandis que les bâtiments du monastère de Maredsous émergent à g. au-dessus d'un bouquet d'arbres.

A la gare de Denée-Maredsous (**2**), tourner à g. vis-à-vis l'hôtel *Belle-Vue* pour traverser la rivière, puis gravir une longue côte tournante (15'). A dr., la vue s'étend sur un charmant paysage dominé du plateau gauche par un couvent de Bénédictines.

Au sommet de la côte, la r. aboutit devant le majestueux ensemble des constructions de la moderne **abbaye de Maredsous** (**1.1** — Visite : 30' — visible tous les jours de 11 h du matin à midi et de 3 h. à 4 h.; le dimanche de 1 h. à 3 h.) comprenant le monastère, une magnifique église et une école.

Retour à la vallée de la Meuse, à Moulins (**12.4**. — Côte : 3'), par le même itinéraire.

La r. de Namur laisse à dr. (**0.4** — Montée : 2') le pont d'Yvoir, reliant les deux rives, et parcourt une délicieuse contrée parsemée de jolies ou d'originales maisons de campagne ainsi que de riants villages; Yvoir et ses villas apparaissent sur la rive dr.; sur la nôtre, on gravit la petite côte de Hun (3').

La Meuse décrit une large courbe et la r., qui la côtoie, longe le vieux parc du château de Hun; de ce côté, remarquer le rocher escarpé, dit la *Roche aux Corneilles* abritant une multitude de nids de ces oiseaux.

On dépasse le village de Rouillon (**3.7** — Pavé : 2' — Montée : 2'); tandis que sur l'autre berge s'égrènent les maisons de Godinne. Après Rivière (**2.8**), la r., entre deux promontoires, se rapproche du fleuve dont on s'était un peu éloigné; à dr., pont de Lustin et nombreuses villas sur la colline. Montée (3'), puis descente à Profondeville (**2.5** — Pavé : 3' — Hôt. *Lallement*), dans une ravissante situation.

On s'élève ensuite (2' et 3') en dominant à dr. un massif de roches inclinées que les carriers exploitent. A Wépion (**4.6** — Hot. du *Pôle-Nord; Werter*), les chalets et les villas reparaissent, alternant avec des cafés et restaurants.

Les collines de la rive dr. s'abaissent considérablement; devant soi, le vaste bâtiment, avec dôme, du *Grand-Hôtel Citadelle*, apparait au-dessus du mont que défend la forteresse de Namur.

Les habitations se rapprochent et bientôt on atteint le faubourg de La Pairelle (**2.6**) où le macadam cesse. Ici, quitter la r. et prendre à dr. le ch. de halage.

Celui-ci, au début, pavé assez régulièrement et bordé de deux très étroits bas côtés, se continue par le boulevard et la promenade de la *Plante*, au sol bien roulant. A la fin de la promenade, le trottoir mène jusqu'aux derniers arbres où on reprend la chaussée pour entrer dans Namur (Ch.-l. de la province du même nom — 31.100 hab.).

A hauteur du vieux pont de pierre, le pavage recommence (20'). Suivre devant soi le boulevard *Ad. Aquam*, un très beau quai ; ensuite, prendre sur ce boulevard la deuxième rue à g., la courte rue du *Rempart*. A son extrémité, tourner à dr. puis de suite à g. dans la rue du *Pont* qui traverse la *Sambre* et aboutit sur la place d'*Armes*. Appuyant à g., au fond de la place, la rue de l'*Ange*, à dr., prolongée par la rue de *Fer*, conduit directement au square *Léopold*. Ici, se diriger à g. vers la place de la *Station* (**4.1**), où se trouve situé, au n° 3, l'excellent hôtel de *Hollande* (chambres depuis 2 fr. 50; restaurant à la carte et à prix fixe ; vaste café).

Visite de la ville de Namur (environ 4 h.). — Vis-à-vis la gare, la rue *Godefroid* conduit à la rue de *Bruxelles*. Dans celle-ci tourner à dr., puis, par la rue du *Chenil*, à g., se rendre à la place du *Palais de Justice*, à dr., et à la cathédrale Saint-Aubain. La rue du *Collège*, un peu plus bas, à g., passe devant l'église Saint-Loup et rejoint la rue de l'*Ange*. Dans cette dernière, à dr., prendre à g. la rue de la *Monnaie*, et, après la place de la Monnaie (Beffroi, à g., au-dessus des maisons), la rue de *Bavière*, à g., aboutit sur la place du *Théâtre*.

Revenir à la place d'*Armes* et par la rue du *Pont*, à g., aller visiter le Musée archéologique dans le bâtiment de l'ancienne Boucherie, rue des *Bouchers*, à g. (public le dimanche de 10 à 1 h.; les autres jours, entrée 1 fr.). Traverser le pont sur la Sambre ; puis par la rue du *Grognon*, à g., gagner la pointe du Grognon, au confluent de la Sambre et de la Meuse. A g., sur le quai, on aperçoit le bâtiment du Kursaal. Revenir à la rue du *Pont*, et par la rue de l'*Hôpital*, à dr., gagner la place *Pied-du-Château*.

Sur cette place, un escalier (144 marches) gravit les contreforts de la Citadelle (déclassée). Après plusieurs paliers, on laissera à g. les degrés menant au café-restaurant établi sur l'une des esplanades, et l'on passera à dr. sous une porte ogivale. De l'autre côté de cette porte, tourner à g. et, au delà d'une haute passerelle en pierre, suivre la r. carrossable qui descend vers la vallée de la Meuse. Plus bas, plate-forme avec trois bancs; s'engager vis-à-vis sur le sentier du *Grand-Hôtel Citadelle,* indiqué par un poteau. Il gravit en lacets la colline, puis atteint un plateau où l'on traverse le pont du funiculaire qui dessert l'hôtel. Quelques derniers zigzags mènent au Grand-Hôtel Citadelle; vue admirable sur les deux vallées et le pays haut de l'Ardenne belge.

Du Grand-Hôtel, descendre vers Namur par l'un des ch. du versant regardant la Sambre. Tous conduisent au vieux pont de Salzinnes. De l'autre côté du pont, suivre à g. le boulevard de la *Sambre,* ensuite traverser à dr. le parc *Louise-Marie* et revenir à la place de la *Station* par le boulevard *Léopold.*

Excursions recommandées au départ de Namur. — L'abbaye et la grotte de Floreffe (12 kil., aller et retour. — Côte : 3' — Pavé : 1 h. 4').

Itinéraire : Suivre à g. de la gare le boulevard *Léopold* (trottoir autorisé). A l'extrémité du boulevard, laissant à dr. l'avenue de *Belgarde,* continuer à g. par l'avenue d'*Omalius* (trottoir interdit — Pavé 25'), en bordure du parc *Louise-Marie.* Cette avenue, après avoir franchi le pont de la *Sambre,* aboutit sur la place *Wiertz,* dans Salzinnes, un des faubourgs de Namur. Longeant la ligne du ch. de fer vicinal, la rue montante *Patinier* mène aux dernières maisons où le pavage cesse. La r. descend légèrement au niveau de la rivière, qui décrit ici une courbe, au pied de collines boisées; hameaux des Balances et de Gueule-du-Loup (**5.5**), petite montée (3'). Après le hameau de Bauce, on passe devant le dépôt du ch. de fer, à Malonne-Port, et, plus loin, devant la manufacture de glaces de Floreffe (**3.5**). Rampe douce, puis descente à la gare de Floreffe (**1.2** — Hôt. de la *Station*). La r. se dirige ensuite à plat jusqu'au village de Floreffe (**0.8** — Pavé : 7'). Ici, il y a tout avantage a laisser sa machine en garde dans l'un des cafés qui se trouvent à l'entrée du pays, pendant le temps qu'on ira visiter l'abbaye et la grotte (environ 2 h. 1/2). Après avoir traversé tout le village, parvenu à l'endroit où cesse le pavé, on pénétrera à dr. dans les communs de l'abbaye par une grande porte voûtée portant le n° 102. A l'intérieur du bâtiment, gravir à g. la rampe qui conduit à l'entrée de l'abbaye, en laissant à g. un grand portail isolé, sous lequel on passera au retour.

L'abbaye de Floreffe, aujourd'hui transformée en un petit séminaire, peut être visitée (pourboire, 50 c.). De la terrasse, vue ravissante sur la vallée de la Sambre.

A la sortie de l'abbaye, passer sous le portail qu'on a remarqué en montant, et, par la continuation de la r., se rendre au hameau de Préat. Aux dernières maisons, à cinq cents mètres environ de l'abbaye, se présente la bifurcation (1) des r. de Charleroi et de Dinant. Prendre celle-ci à g. et, dans le vallon, cinquante m. plus loin, on atteindra la deuxième maison à dr. où reste le guide de la grotte (durée de la visite : 40'; rétribution, 1 fr.).

La *grotte de Floreffe* a son entrée au pied même de la tour du *château de la Grotte* (imité de l'ancien); suffisamment intéressante elle est d'un accès facile.

Retour à Namur (**12** — Pavé : 32') par la r. et le même itinéraire, ou profiter d'un train passant à la gare de Floreffe.

La vallée du Samson et les **châteaux de Faulx et d'Arville** (**30** kil. **600** m., aller et retour — Côtes : 51' — Pavé : 47').

Itinéraire : De Namur à Samson (**10.6** — Pavé : 7'), *V.*, page 45, l'itinéraire de *Namur à Huy*.

Au village de Samson, abandonner la r. de Liège, par Huy, et suivre à dr. le ch. de Goyet. Il remonte en pente douce le vallon pittoresque du *Samson*, au revers du massif rocheux que couronnait jadis une des plus importantes forteresses élevées au bord de la Meuse et dont il ne subsiste aujourd'hui que de maigres ruines. A dr., se détache (**1**) le ch. de Maizeret. Après le hameau Sur-les-Forges (**1**), deux petites montées (2' et 3'). Au village de Goyet (**1.5**), remarquer un joli château Renaissance et l'hospice *Saint-Antoine*.

Continuant par le ch. de Gramptinne, la rampe s'accentue et l'on passe au pied des *roches de Goyet*, montrant à leur base des cavernes béantes; à g., s'ouvre le petit vallon du *Strud*. Le ch. infléchit à dr. et traverse le Samson (Côte : 8'). On laisse à dr. (**1**) le ch. de Wierde (1) et de Naninne (6), puis on descend au hameau de Jausse (**0.3**). Négligeant à g. le ch. de Tombes (1), monter à dr. (2') et bientôt apparaîtra dans un site délicieux le magnifique *château de Faulx* dont les tours effilées, à machicoulis, émergent au-dessus d'un bouquet de sapins, à l'extrémité d'une pelouse de prairies. Le ch. s'élève (8') en bordure du domaine et atteint le village de Faulx (**1.5**) qui domine le coquet bassin de Tombes.

Aux premières maisons de Faulx, quitter la r. de Gramptinne et prendre à dr. le ch. d'Arville. Après une côte (5'), on descend dans un repli boisé; au bas, se présente une barrière entre quatre pilastres en maçonnerie (**1**), la franchir pour pénétrer dans le parc d'Arville. Une montée (8') mène à la grille d'entrée (**0.7**) de la ferme du *château d'Arville*, surtout remarquable par sa belle situation au milieu des bois et son étang entouré de hautes futaies.

Le ch., ayant traversé la cour de la ferme, contourne la partie Nord du château; puis, inclinant à g., descend par une superbe avenue de sapins jusqu'à une première barrière (**1.5**). La pente s'accentue pour franchir un ruisseau précédant la sortie (**0.3**) de la propriété.

Ici, tourner à g., ensuite, aussitôt à dr., sur le ch. montant (1') vers une maison isolée, voisine de quelques arbres. On traverse une campagne fortement ondulée (Côte : 7') avant de rejoindre, au hameau de Quinaux (1.2), la r. d'Assesse (7.7) à Namur. Celle-ci, à dr., monte (2' et 5'), puis descend rapidement. Elle passe sous la *ligne de Luxembourg* et laisse à dr. (7) la r. de Liège (63), par Andenne (21.5) et Huy (31). On franchit le passage à niveau de la *ligne de Givet* et, traversant tout le faubourg de Jambes (Pavé : 40'), on arrive au pont sur la Meuse qui relie Jambes à Namur.

Du pont, retour à la place de la *Station* (2) par l'itinéraire des rues qu'on connaît déjà.

Pour mémoire. — De **Namur** à **Bruxelles**, par Saint-Servais (2.5), Rhisne (6.5), Beuzet (6.1), Gembloux (4.8 — Hôt. *Zenon*), Ernage (4.5), Corbais (5.5), Wavre (9), Tombeek (5.5), Over-Yssche (3), Auderghem (10.5) et Bruxelles (6 — Capitale de la Belgique. — 480.000 hab. — Hôt. *Royal*, 87, boulevard du *Hainaut* ; du *Grand-Miroir*, 28, rue de la *Montagne*. — Restaurants *Joseph*, 52, boulevard *Anspach* ; du *Cercle*, 3, rue *Léopold*. — Cafés *Métropole*, place de *Brouckère* ; *Universel*, avec concert le soir, rue de l'*Ecuyer* ; Brasserie de la *Taverne Royale*).

Cette r., pavée à la sortie de Namur pendant cinq kil. et demi, devient ensuite macadamisée, mais seulement jusqu'à Gembloux ; montée de Rhisne, suivie de légères ondulations. Après Beuzet, descente et côte, chacune d'un kil., pour traverser le vallon de l'*Orneau* ; puis descente de deux kil. vers Gembloux, cette localité précédée d'un kil. de pavage. De Gembloux à Bruxelles, r. pavée très mauvaise ; faire de préférence ce trajet en chemin de fer (1 h. 15).

De **Namur** à **Louvain**, par Champion (5), Leuze-les-Hanret (7), Noville-sur-Mehaigne (6), Rouxmiroir (11), Homme-Mille (8.5), Héverlé (9.7) et Louvain (1.5).

Route pavée, très accidentée, bordée de mauvais accotements.

De **Namur** à **Nivelles**, par Temploux (8), Mazy (6), Sombreffe (6), Marbais (6), Houtain-le-Val (9) et Nivelles (7).

Route pavée, bordée de mauvais accotements.

De **Namur** à **Marche**, par Jambes (2), Quinaux (7), Assesse (8), Natoye (4), carrefour d'Emblinne (3.6), carrefour de Pessoux (8.4), Sinsin (5.5), Hogne (3.5) et Marche (6 — *V*. page 71).

Route pavée au sortir de Namur pendant cinq kil., dont les deux derniers avec bas-côtés ; macadam passable jusqu'à Assesse, ensuite bon sol. D'Assesse à Hogne, trajet très fatigant ; succession de fortes côtes et de rapides descentes. La r. s'aplanit entre Hogne et Marche.

DE NAMUR A HUY

PAR LIVES, BRUMAGNE, SAMSON, SCLAYN, ANTON, ANDENNE, GIVES, BEN ET AHIN.

Distance : **31** kil. **100** m. *Pavé :* **33** min.

Nota. — Cette route, plate sur tout le parcours, devient malheureusement très médiocre comme terrain, au delà de Samson. La vallée de la Meuse continue cependant à être intéressante et pittoresque, malgré les usines et manufactures qui recommençent à faire voir leurs sombres constructions et leurs grandes cheminées.

Au sortir de l'hôtel de *Hollande*, suivre à dr. l'avenue du *square Léopold* (trottoir autorisé aux cyclistes) et, après la place Léopold (Pavé : 1'), le boulevard *Cauchy*, qui longe la ligne du ch. de fer. A l'extrémité du boulevard, parvenu devant le grand bâtiment de l'*école des Cadets*, là où s'élevait la porte *Saint-Nicolas*, passer à g. sous le pont du ch. de fer et, ayant parcouru quelques m. sur l'avenue de *Hannut*, prendre à dr. la rue du *Quai*. Celle-ci conduit à la passerelle du pont du ch. de fer qu'on traversera à pied (4').

De l'autre côté de la *Meuse* (**1.6**), au bas de la rampe, le ch., qui s'ouvre à g., entre deux débits, va rejoindre (**0.9**) la r. de Liège. Cette r. longe la rive dr. du fleuve jusqu'à Liège ; elle est plane et bonne au début.

De nombreuses maisonnettes, aux tons clairs, s'étagent sur le flanc des riantes collines. A Lives (**1.9**), on double un cap rocheux creusé par des carrières.

La r., agréablement ombragée, bordée de banquettes gazonnées, suit une belle avenue, tandis que sur la rive g. se dressent les énormes rochers des *Grands-Malades* ; le coquet village de Marche-les-Dames s'abrite au pied de ces magnifiques escarpements.

On dépasse Brumagne (**3**), dans un bouquet d'arbres, et, plus loin, le domaine de Moisnil (**2**), château moderne au-dessus de la colline, à dr. Au tournant suivant, apparait une formidable assise de roches qui semble fermer la vallée ; sur ces roches s'élevait jadis le manoir de Samson, dont il ne reste plus que des vestiges peu visibles.

Au village de **Samson** (**1.2** — Pavé : 3'), relié par un pont à celui de Namèche, sur la rive g., se détache à dr. le ch. de Goyet (*V.* page 43).

La r., parallèle à la ligne du ch. de fer vicinal de *Samson à Huy*, longe le pied des rochers de Samson puis la série des carrières et fours à chaux de Floresse (**1.6**); ici, le sol commence à se gâter. Après le gros village de Sclayn (**2** — Pavé : 11'), on se rapproche d'exploitations usinières de toutes espèces. A g., une longue colline rougeâtre, toute nue, est jalonnée par les quatre affreuses cheminées des mines de plomb de Sclaigneaux; de notre côté, succession de moulins de calcaire. Après Anton (**2.2**), la vallée s'élargit en un fertile bassin.

On traverse la petite ville industrielle d'Andenne (**2.3** — Pavé : 8' — Hôt. et café de *France*), au croisement de la r. de Bierwart (9.5) à Ciney (21). Depuis Andenne, il n'existe plus en bordure de la r., pavée pendant deux kil. et demi, qu'un médiocre bas côté droit, très rétréci et entrecoupé de passages pavés.

Après le faubourg d'Andenelle et de Rieudotte, vient le village, aux maisons espacées, de Gives (**1.1**), ensuite celui de Ben (**2**). La vallée se resserre de nouveau et on passe (**1**) au-dessous du petit promontoire rocheux qui porte les ruines du *château de Beaufort*. Ces ruines émergent des taillis et ne présentent plus que des pans de murs sans intérêt, cependant on peut y monter par un sentier, au milieu des futaies, qui se détache à dr. vis-à-vis un débit.

Quelques m. plus loin, au hameau de Lovegnée (**0.1**), s'ouvre à dr. le ravin boisé de Solières. Dans ce ravin, à vingt-cinq min. de marche, se trouve l'entrée de la grotte du *Trou-Manteau*, profonde caverne, peu explorée et pour laquelle il est difficile d'avoir un guide.

On passe sous les bannes qui alimentent de chaux les *Sucreries centrales*, vastes bâtiments situés sur la rive g. de la Meuse. De ce même côté, au tournant de la vallée, le village de Statte s'allonge d'une façon pittoresque à la pointe d'une colline.

La r. incline à dr. en suivant la courbure du fleuve puis, au delà d'Ahin (**2.3**), pénètre dans l'étranglement que commande la massive citadelle quadrangulaire de Huy.

Bientôt commence le pavage de Huy (Ch.-l. d'arr. — 14.000 hab.), mais on peut encore utiliser le bas côté g. jusqu'au pont du ch. de fer, au pied de la forteresse. On pénètre en ville par la rue *Neuve-Voie* (Pavé : 10') dont le prolongement, la rue de *Namur*, aboutit à la rue du *Pont*, l'artère principale de la localité. Couper la rue du Pont et descendre vis-à-vis le quai ou rue *D'Autrebande*. Au bas de la pente, se trouve à dr. l'hôtel recommandé de l'*Aigle-Noir* (**2.1** — Café de *Munich*).

Visite de la ville de Huy (environ 1 h. 1/4). — Sortant de l'hôtel de l'*Aigle-Noir*, monter à g., à la rue du *Pont*, et l'ayant croisée, par la rue de *Namur* vis-à-vis, gagner le portail latéral de l'église Notre-Dame. Quitter l'église par la même porte, et suivre à dr. la rue de la *Collégiale* qui rejoint la rue du *Pont*. Dépasser à dr. l'édicule gothique, en forme de voute, attenant à l'église, et continuer par la rue *Sous-le-Château*. Dans celle-ci, la première rue à g., la rue du *Pont-des-Veaux*, conduit à une curieuse petite place sous laquelle passe le *Hoyoux*. De l'autre côté de la place, prendre à dr. l'étroite et courte rue *Mounie*, qui, après un coude, aboutit sur la *Grande Place*, ornée d'une fontaine aux figurines en bronze. Traversant la Grande Place, on tournera à g. de l'Hôtel de Ville dans la rue *Fouarge* et, au premier carrefour, encore à g., dans la rue des *Rotisseurs*; celle-ci ramène à la rue du Pont.

De l'extrémité du Jardin public, qui s'étend sur le bord du fleuve, au delà de l'hôtel de l'Aigle-Noir, on découvre un joli point de vue sur la ville, le pont et la citadelle.

De l'autre côté de la Meuse, la ville déploie de longs faubourgs, sans intérêt. La rue *Neuve*, dans l'axe du pont, mène à la place *Saint-Germain*. Ici, par la rue *Saint-Pierre*, à dr., puis la rue des *Jardins*, à g., on arrive à la gare de la *ligne de Namur à Liège*.

Excursion recommandée au départ de Huy. — La **vallée du Hoyoux** jusqu'à **Modave** (**21** kil., aller et retour), par Bardouille (**3**), Marche (**0.5**), Waldor (**2**), Barse (**1**), Royseux (**2**), Pont-de-Bonne (**2** — Hôtel des *Touristes*) et Modave (**1.5** — Magnifique château).

Cette r. présente cinq kil. de pavage à la sortie de Huy et une forte côte entre Pont-de-Bonne et Modave.

DE HUY A LIÈGE

PAR TIHANGE, OMBRET, HERMALLE, RAMET, IVOZ, LE VAL-SAINT-LAMBERT, SERAING ET OUGRÉE.

Distance : **32** kil. **200** m. *Côtes :* **20** min.
Pavé : **1** h. **22** min.

Nota. — Cette route sur la rive droite de la Meuse, quoique préférable à celle de la rive gauche, présente un sol médiocre au delà d'Ombret, puis une longue série de pavage à partir d'Ivoz, là où commence la région industrielle du charbon et du fer. L'itinéraire indiqué évite une grande partie du pavé en utilisant les quais empierrés depuis Seraing. Ces quais, qui laissent à désirer comme entretien, sont cependant praticables. Une seule forte côte d'un kil. à la sortie d'Ombret.

Au départ de l'hôtel de l'*Aigle-Noir*, suivre à dr. (Pavé : 1') l'avenue *Delchambre*, en bordure du Jardin public et du Théâtre, à g. Dépassé la statue de *Joseph Lebeau*, continuer par l'avenue *Godin-Parnajon*.

A l'extrémité de l'avenue, la rue de *Neufmoustier*, à dr., croise la rue pavée des *Bons-Enfants* et prend le nom de rue de *La Motte* (Pavé : 8'). Elle tourne brusquement à g., avec de mauvais bas côtés, et sort de la ville où le pavage cesse.

La r., plutôt le ch., médiocre comme terrain, longe le coteau de Tihange (**1.3**), puis traverse une longue plaine banale dans la vallée élargie ; sur la rive g. se tasse la grande fonderie de zinc de *Corphalie*, au bas d'une colline ravagée par les émanations sulfureuses.

On passe entre le *domaine de La Neuville* (2.7) et le bord du fleuve, en se rapprochant peu à peu du pied de hauteurs agréablement boisées.

Au village d'Ombret (4 — Pavé : 2'), vis-à-vis le bourg d'Amay, de l'autre côté de la Meuse, la r. tourne à dr. et s'écarte de la rive pour escalader un promontoire, pointe avancée du plateau de Condroz ; deux côtes (5' et 10').

Descente entre des haies à Hermalle (2.7), au milieu de vergers, pour regagner, en pente douce, la plaine rétrécie de la vallée ; à g., les usines à zinc de la *Vieille* et de la *Nouvelle Montagne* répandent leurs opaques fumées.

On dépasse le hameau de Clermont (2.6), à l'entrée d'un ravin verdoyant ; la vallée se resserre. Après une légère rampe, la r. vient au pied d'un rocher, près de l'embranchement (1.1) du ch. de Saint-Severin (5') ; puis, sortant du taillis d'Engihoul, découvre successivement les *châteaux d'Aigremont* et de *Chokier*, couronnant les hautes croupes des collines de la rive opposée. Le premier de ces manoirs surgit au milieu d'un bouquet de bois, le second sur la cime d'un roc à pic.

Après le hameau de Ramioulle (1.6), une faible rampe conduit au village de Ramet (1.3 — Pavé : 1') dont la place est ornée d'un magnifique tilleul ; deux raidillons (1' et 2').

A partir d'Yvoz (1.7 — Côte : 2' — Pavé : 6'), après quelques alternatives de bas côtés, plus ou moins bons, commence le long pavage des centres manufacturiers qui précèdent la ville de Liège. Notre itinéraire en évite la plus grande partie.

Dans l'unique rue ouvrière du Val-Saint-Lambert (Pavé : 45') on remarque à dr. la *Cristallerie du Val-Saint-Lambert*, une des plus considérables d'Eur[illegible], occupant les bâtiments, peints sang de bœuf, d'une ancienne abbaye ; plus loin, à g., station du ch. de [illegible] (1.5).

Du même côté g., après les hauts-fourneaux et les houillères de la *Société des agglomérés domestiques*, on atteint un passage à niveau ; ici, abandonnant la rue des *Haies*, devant soi, traverser la voie. Trois cents m. plus loin, à l'entrée de la rue *Léopold*, dans Seraing (**1.1**), tourner à g., puis de suite à dr. dans la rue de l'*Abbaye*.

Nota. — Les automobiles devront continuer par la rue *Léopold*, qui traverse tout Seraing, et, au delà d'Ougrée (3), franchir la Meuse au pont du Val-Benoît (4). On entre dans Liège (3.5) par la rue de *Fragnée* qui rejoint notre itinéraire dans la ville au boulevard *Frère-Orban* (V. page 51).

La rue de l'*Abbaye* conduit à la place de ce nom, au bord de la Meuse, en vue de l'industrielle et populeuse commune de Jemeppe, située sur la rive opposée. De tous côtés apparait une quantité extraordinaire de fabriques, de hauts-fourneaux, de fours à coke et de fonderies.

A l'extrémité de la place de l'Abbaye, suivre le quai de l'*Espérance*, ensuite, là où le pavé cesse, le quai *Cockerill*. Un peu plus loin, on quittera ce dernier pour prendre à dr. une rue pavée (1'), légèrement montante, parallèle au quai, aboutissant au pont suspendu de Seraing (**1.6**). Laissant le pont à g., qui communique avec les charbonnages de Tilleur et de Sclessin, on continuera devant soi par le quai des *Princes*. Ce quai longe le mur du vaste *établissement Cockerill*, le Creusot de la Belgique (V. page 53), jusqu'aux bas-côtés du quai *Saint-Antoine*, celui-ci menant au pont de fer d'Ougrée (**2.1**).

Ici, traverser la Meuse (péage, 3 c.) et, de l'autre côté du pont, côtoyer le fleuve, à dr., par les quais *Vercour*, de l'*Industrie* et de *Fragnée*, en passant devant une multitude d'usines et de fabriques.

Parvenu à hauteur du pont de pierre du **Val-Benoît** (**3.6**), passer sous la voûte (Pavé : 2') et continuer par le quai de *Fragnée*, qui s'améliore et devient bon. Plus loin, à l'entrée de la ville de Liège (Ch. l. de la province de Liège — 156.000 hab.), on laisse à g. l'avenue d'*Acroy* (Pavé : 1') pour suivre à dr., le long de la Meuse, le boulevard *Frère-Orban*.

En suivant l'avenue d'*Avroy*, puis les boulevards d'*Avroy* et de la *Sauvenière* (bas-côté du trottoir autorisé), on arrivera à la place du *Théâtre*, où sont situés les hôtels d'*Angleterre* et de l'*Europe*, tous deux de premier ordre, derrière le théâtre.

Le boulevard *Frère-Orban*, bordé de luxueuses demeures, rejoint le boulevard *Piercot* où le pavage apparait (15' — le trottoir droit, en bordure de la voie du tramway, est autorisé, mais son usage est dangereux).

Arrivé devant le pont en pierre de *Boverie*, continuer par le quai de l'*Université* jusqu'à la première rue à g. Celle-ci, la rue de l'*Université*, traverse la place de l'Université et conduit à la rue transversale de la *Cathédrale* qu'on prendra à dr. pour gagner l'hôtel de *France*, situé au n° 13 (**3.3**).

Cent m. au delà de l'hôtel de France, dans la première rue à g., la rue *Souverain-Pont*, on trouve encore l'hôtel *Dourren*, au n° 46, et l'hôtel de la *Pommelette*, au n° 44, tous deux simples et assez bons, de même que l'hôtel de *Dinant*, dans le voisinage, 2, rue *Saint-Etienne*.

Visite de la ville de Liège. — *Itinéraire de la matinée* (environ 4 h.). — A la sortie de l'hôtel de *France*, la rue *Sur-Meuse*, à dr., mène à la rue *Léopold*. Celle-ci, à g., aboutit sur la place *Saint-Lambert*, centre du mouvement. Vis-à-vis, visiter les deux cours du Palais de Justice (la 2ᵉ cour est à dr. de la première; on y accède par la porte du tribunal de Commerce. Au fond de la 1ʳᵉ cour, à dr., se trouve le Musée archéologique, public le dimanche de 11 à 1 h. et visible les autres jours en s'adressant au concierge, 50 c.).

En quittant le Palais de Justice, traverser la place Saint-Lambert, à dr., puis la place *Verte* (Café du *Phare*; taverne *Grüber*) pour arriver à la place du Théâtre. Sur cette dernière place, la rampe, à dr., de la rue *Haute-Sauvenière*, conduit à l'église Sainte-Croix, d'où l'on se dirigera par la rue *Saint-Hubert*, à g., vers l'église Saint-Martin. La vue qu'on a de la tour (50 c. — s'adresser au sacristain dans la maison voisine) embrasse le panorama général de la ville de Liège et de ses environs.

Descendre, vis-à-vis le portail latéral de Saint-Martin, la rue *Degrés-des-Bégards*; au bas, suivre à dr. le boulevard de la *Sauvenière* jusqu'à la rue *Pont-d'Avroy*, la quatrième à g., à l'angle du café *Métropole*. Cette rue mène (à dr., au n° 31, restaurant

Mohren ; bons repas à prix fixe, 3 fr. et 4 fr. sans vin) à la place de la *Cathédrale* où l'on visitera l'église Saint-Paul (dans l'après-midi, ouverte à 2 h.)

Au sortir de la cathédrale, la rue *Tournant-Saint-Paul*, à g., débouche sur la place *Saint-Paul*, qu'il faut traverser en biais pour gagner, par la rue *Saint-Remy*, la place *Saint-Jacques*, où s'élève l'église de ce nom. A dr. du portail Renaissance, la rue *Saint-Jacques* rejoint le boulevard *Piercot*.

Ici, tourner à dr. et passer devant la statue équestre de *Charlemagne* ; puis, ayant coupé le square d'*Avroy*, se rendre, par la rue du *Jardin botanique*, au Jardin botanique.

Du Jardin botanique on reviendra sur ses pas au square d'Avroy, qu'on traversera en biais, à dr., en passant devant le café oriental, le kiosque à musique et la pièce d'eau, pour arriver à la belle terrasse située en face du pont du *Commerce*, sur la Meuse.

De l'autre côté du pont (péage, 3 c.), se trouve la place d'*Acclimatation* ; à dr., entrée du Jardin d'acclimatation (50 c. en temps ordinaire ; 1 fr. les jours de fêtes et de concerts ; 10 c. le lundi après 2 h.).

Retour par les quais de la rive droite, *Marcellis*, de l'*Industrie* et des *Pêcheurs*, jusqu'au pont des *Arches* (le deuxième à g.), en laissant à dr. de longues voies, sans intérêt, qui conduisent vers les faubourgs à l'Est de la ville.

Traverser le pont des Arches, et, par la rue *Léopold*, revenir la place *Saint-Lambert*, ou dans la direction de son hôtel.

Itinéraire de l'après-midi (environ 2 h. 3/4). — La rue de *Bex*, à dr. de la place *Saint-Lambert*, mène sur la place voisine du *Marché*, ornée de trois fontaines bizarres ; à dr. l'Hôtel de Ville. A l'extrémité de la place du Marché, suivre à g. la rue des *Mineurs*, puis tourner à dr., à l'angle de l'église Saint-Antoine, dans la rue *Hors-Château*. Celle-ci, plus loin, près d'une fontaine, s'élargit en une sorte de place allongée. Ici, gravir à g. les 407 marches de la rue *Montagne-de-Bueren* (bancs de repos) pour atteindre le *café Panorama* (du toit-terrasse de cette maison, vue superbe sur Liège). La ruelle, à dr. du café, conduit à la citadelle, mais il n'y a pas lieu de s'y rendre.

Redescendre l'escalier de la rue Montagne-de-Bueren ; au bas, tourner à g., puis de suite à dr. dans la rue *Velbruck*, qui rejoint la rue transversale *Feronstrée*. Dans cette rue, se trouve situé à g., au nº 89, le Musée communal ou de peinture (public tous les jours, de 10 h. à 4 h.). Dépassé le musée, on arrive successivement à la place *Saint-Barthèlemy*, voisine de l'église de ce nom, ensuite à la place *Maghin*, où s'élève à g. la prison.

Sur cette dernière place, tourner à dr., et, laissant devant soi le pont *Saint-Léonard*, on descendra à dr. l'escalier qui conduit au quai de *Maastricht* ; ce quai, à dr., passe devant le Mont-de-Piété, au n° 13; plus haut, s'arrêter au n° 8 pour visiter le Musée d'armes (ouvert tous les jours, sauf le mardi, de 10 h. à midi et de 2 h. à 6 h.; le dimanche, seulement de 10 h. à 2 h.)

Au delà du musée d'armes, continuer par les quais de la *Batte* et de la *Goffe*, auxquels succède la rue de la *Cité*. Ayant croisé la rue *Léopold*, on suivra la rue *Sur-Meuse*, prolongée par la rue de la *Cathédrale*. A la place de la *Cathédrale*, tourner à dr. dans la rue évasée *Vinave-d'Ile* et, après une centaine de m., traverser à dr. le passage *Lemonnier*. Il aboutit à la rue de l'*Université*, qu'on prendra à g. jusqu'à la rue *Pont-d'Ile*. Suivre encore cette rue à g. et, parvenu à l'angle de la rue des *Dominicains*, tourner à dr. pour regagner la place du *Théâtre*, d'où l'on se dirigera vers son hôtel.

Excursion recommandée au départ de Liège. — L'établissement Cockerill, à Seraing (**18** kil., aller et retour).

On peut se rendre à Seraing, en machine, en suivant en sens inverse l'itinéraire indiqué venant de Huy à Liège (*V.* page 50). Toutefois, pour varier, il sera plus agréable de prendre, à l'aller, le tramway à vapeur (départ de Liège, à la place *Cockerill*, au quai de l'*Université*, toutes les 12 min., 35 c. et 45 c.; durée du trajet, 40 min. jusqu'au pont de Seraing) et de revenir par le bateau à vapeur (départ du pont de Seraing toutes les 1/2 h., à l'heure et à la demie, 25 c. et 30 c.; durée du trajet, 1 h. jusqu'au pont de la *passerelle* à Liège).

On visite l'*établissement Cockerill* tous les jours, à 10 h. du matin et à 2 h., sauf les dimanches et jours de fêtes, sur présentation de sa carte au directeur. Les bureaux de l'administration sont situés à côté du pont de Seraing, sur la rive droite de la Meuse. Ils occupent l'ancien château des princes évêques de Liège qui sert d'entrée à l'établissement. La visite dure environ 1 h. 1/2.

Les ateliers de construction de locomotives, de la fabrication et de la coulée de l'acier Besmer, ainsi que les laminoirs et les marteaux-pilons, sont les parties les plus intéressantes à voir de cette colossale entreprise où se meuvent environ 11.000 employés et ouvriers, parmi plus de 300 machines à vapeur en activité.

Pour mémoire. — De Liège à Bruxelles, trois routes:

A. — Par Oreye (**19.2**), Saint-Trond (**15** — 11.500 hab. — Hôt. du *Commerce*), Tirlemont (**17.8** — 13.000 hab. — Hôt. du *Nouveau-Monde*), **Louvain** (**18.5** — 40.000 hab. — Hôt. de *Suède*; de la *Cour-de-Mons*), Cortenbergh (**11.2**) et Bruxelles (**14.5** — *V.* page 44).

Route entièrement pavée; bas-côtés impraticables.

B. — Par Glain (**2.7**), Bierset (**7**), Voroux (**1**), Noville (**4**), Limont (**3.2**), carrefour de Faimes (**3.5**), carrefour de Tourinne (**8.8**), Hannut (**6.5** — Hôt. du *Grand-Café*), Thisnes-en-Hesbaye (**2.2**), Wansin (**2.2**), Jandrain (**3**), Jauche (**2**), Enines (**2.8**), Jodoigne (**4.8** — Hôt. *Pardon*), Hamme-Mille (**13.8**), Héverlé (**9.7**), **Louvain** (**1.5**) et Bruxelles (**55.2** — *V.*, page 53, *A*).

Cette r. pavée, au départ de Liège, pendant cinq kil., présente ensuite des bas-côtés passables jusqu'à Bierset.

De Bierset à Jandrain, assez bon macadam. Au delà de Jandrain, le pavage reparaît et ne cesse plus jusqu'à Bruxelles.

C. — Par Voroux (**10.7** — *V.* ci-dessus), Fexhe-le-Haut-Clocher (**3.1**), Momalle (**3**), Laminne (**3**), Waremme (**6.9** — Hôt de la *Gare*), Hasselbroeck (**4**), Gingelom (**8**), Landen (**3.8**), Wanghe (**5.3**), Hueken-lover (**3.7**), Tirlemont (**3.5**) et Bruxelles (**41.2** — *V.*, page 53, *A*).

Route passable entre Voroux et Waremme; quinze cents m. pavés en arrivant dans cette ville. Si l'on doit continuer plus loin, il sera préférable de prendre le ch. de fer à Waremme, car la r. devient très mauvaise à partir d'Hasselbroeck, la localité suivante.

De **Liège** à **Maastricht** (Hollande), par Herstal (**6.8**), Wandre (**1.5**), Cheratte (**2.2**), Argenteau (**2.7**), Visé (**3.3** — *Grand-Hôtel*), Mouland (**3**), La Maison-Blanche (**1** — frontière), Rijckholt (**4.1**), Gronsfeld (**1.7**), Heer (**3.4**) et Maastricht (**3.1** — Capitale de la province du Limbourg — 32.700 hab. — Hôt du *Levrier*; de *l'Aigle-Noir*).

Route assez bonne, longeant à plat la vallée de la *Meuse*; terrain excellent depuis la frontière. On sort de Liège par la rue *Féronstrée*. A la place *Maghin*, tourner à dr. puis suivre le quai *Saint-Léonard*, à g., jusqu'aux boulevards où cesse le pavage. Dépassé la *Fonderie de canons*, traverser à l'écluse, le canal de Liège à Maastricht et suivre le bord de l'eau. Au delà du *Tir communal*, obliquer à g. et prendre le ch. de halage du canal jusqu'au pont de Wandre où l'on repasse le canal pour monter à g. et traverser le pont de la Meuse.

De **Liège** à **Aix-la-Chapelle** (Prusse), deux routes :

A. — Par Jupille (**4.5**), Bellaire (**3.5**), Queue-du-Bois (**1.2**), Fossé (**2**), Herve (**5.8** — Hôt. du *Poisson-d'Or*), Battice (**3**), Froidthier (**5.3**), Aubel (**2.7**), Hombourg (**5**), Bleyberg (**3**), Gemmenich (**2.5**), Vaals (**3** — Hollande) et Aix-la-Chapelle (**5** — 104.300 hab. — Hôt. de l'*Union*, du *Nord*, près de la gare).

Route accidentée. Sortir de Liège comme ci-dessus. Après avoir franchi le canal, à l'écluse, on longera la *Meuse* jusqu'au passage d'eau de Coronmeuse. Ici, traverser le fleuve (péage 10 c.) et suivre le sentier qui conduit à la gare de Jupille. Après Jupille, côte de quinze cents m. ainsi qu'une montée dure à Bellaire. On trouve seize cents m. de pavage entre Herve et Battice, puis la r. continue ondulée jusqu'à Aubel, ensuite plus accidentée. Côtes de quinze cents m. après Aubel, et d'un kil. au delà de Bleyberg. Entre Gemmenich et Vaals, trois autres montées de huit cents, cinq cents et cinq cents m. Avoir soin de ne pas prendre le ch. direct de Gemmenich à Aix-la-Chapelle, très mauvais, mais de passer par Vaals.

B. — Par **Pepinster** et **Verviers**, *V.* page 60.

De **Liège** à **Arlon**, par Chénée (**0.3**), Embourg (**2.5**), Beaufays (**4**), Sprimont (**7**), Florzée (**2**), **Aywaille** (**2** — 3.500 hab. — Hôt. du *Luxembourg*), Harzé (**4.5**), Werbomont (**8.5**), Manhay (**10**), Baraque-de-Fraiture (**8**), Dinez (**10**), **Houffalize** (**5** — 1.200 hab. — Hôt. des *Postes*), Noville (**9**), Foy (**2.5**), **Bastogne** (**3.5** — 2.000 hab. — Hôt. *Collin*), Martelange (**21.5** — Hôt. de la *Maison-Rouge*), Attert (**11**) et Arlon (**8.5** — *V.* page 101).

De Liège à Chénée, *V.* page 57. Après Chénée, la r., très accidentée, présente une côte de quinze cents m. et un pavage de deux kil. Autre côte d'un kil. précédant Beaufays et un kil. de pavage ; ensuite fortes ondulations. Deux descentes rapides d'un et deux kil. vers Sprimont et Aywaille. D'Aywaille à Harzé, montée faisable, puis série de côtes et de descentes jusqu'au delà de Werbomont. Après un peu de terrain plat et quelques ondulations, descente de deux kil. à Manhay. Entre Manhay et Baraque-de-Fraiture, montée faisable de sept kil. suivie d'une descente douce d'un kil. De Baraque-de-Fraiture à Dinez, légères ondulations ; traversée de la forêt de Saint-Jean. Descente de deux kil. à Houffalize dans la vallée de l'*Ourthe*. D'Houffalize à Noville, montée continuelle dont les deux premiers kil. très durs. De Noville à Martelange, légèrement ondulé. Entre Martelange et Attert, côte de cinq kil. et descente d'un kil.; ensuite ondulations peu importantes jusqu'à Arlon.

De **Liège** à **Marche**, deux routes :

A. — Par Yvoz (**13.2**), Neuville-en-Condroz (**4**), Nandrin (**6.5**), Fraiture (**3.1**), Seny (**3**), Beemont (**1.2**), Alrin (**3.6**), Clavier (**1.5**), Bois-Borsu (**1.8**), Gros-Chêne (**5.2**), Somme-Leuze (**3**) et Marche (**11.2** — *V.* page 74).

De Liège à Yvoz, *V*., en sens inverse, page 49. La r. s'accidente après Nandrin; côte d'un kil., suivie de fortes ondulations. Le terrain s'aplanit entre Somme-Leuze et Marche, à l'exception de deux descentes rapides et d'une côte d'un kil.

B. — Par Angleur (**3**), Colonstère (**4.5**), Tilff (**2** — Hôt. des *Etrangers*), Esneux (**5.5** — Hôt. de *Liège*), Poulseur (**4.5**), Pont-de-Scay (**3.9** — Hôt. des *Familles*), Comblain-au-Pont (**1.1**), Comblain-la-Tour (**3.1**), Fairon (**2.5**), Hamoir (**2.5** — Hôt. de la *Station*), Filot (**2.5**), My (**3**), Vieux-Ville (**2**), Bomal (**2.8** — Hôt. du *Pont*), Barvaux-sur-Ourthe (**4** — Hôt. de l'*Aigle-Noir*), Hotton (**10** — Hôt. de l'*Ourthe*) et Marche (**8.5** — *V*. page 74).

De Liège à Angleur, *V*. page 57. La r. presque plate, d'Angleur à Comblain-au-Pont, longe la vallée de l'*Ourthe*; une seule côte dure de deux kil. est suivie d'une descente d'un kil. entre Tilff et Esneux. Du Pont-de-Scay à Hamoir, *V*. page 70. Après Hamoir, on s'écarte de la vallée; une côte de quatre kil., puis deux descentes rapides, mènent à Vieux-Ville et de là à Bomal où l'on retrouve l'Ourthe. De Barvaux à Hotton, sol ondulé, forte montée et descente de deux kil. Après Hotton, une côte dure de cinq cents m.; ensuite à peu près plat jusqu'à Marche.

De **Liège** à **Dinant**, *V*., en sens inverse, page 37.

DE LIÈGE A SPA

PAR ANGLEUR, CHÊNÉE, CHAUDFONTAINE, PRAYON, NESSONVAUX, PEPINSTER, JUSLENVILLE, THEUX, MARCHÉ ET MARTEAU.

Distance : **38** kil. **500** m. *Côtes* : **14** min.
Pavé : **1** h. **6** min.

Nota. — Cette route présente un parcours désagréable, pendant trois kil. et demi, entre le pont du Val-Benoît et la sortie de Chênée ; puis, en grande partie pavée, elle offre des bas-côtés très praticables, souvent bons. Région rendue intéressante par les contrastes du paysage variant entre des centres manufacturiers et des sites des plus pittoresques.

Les jours de fêtes, l'affluence des cyclistes et des chauffeurs sur la route de Liège à Spa est considérable.

De Liège au pont du Val-Benoit (**3.3** — Pavé : 16'), *V.*, page 50, en sens inverse.

Dès qu'on aura passé sous la voûte du pont (Pavé : 1'), gravir à dr. la rampe (1') qui monte au pont, puis traverser celui-ci à dr. (Pavé : 3'), parallèlement à la ligne du ch. de fer.

De l'autre côté du pont, sitôt au bas de la rampe, faire attention; ne pas se laisser entraîner sur la r. devant soi, car on retournerait à Ougrée, dans la direction de Huy, mais passer de suite à g. sous une première voûte du ch. de fer. Après une montée (2'), on descend vers une seconde voûte et l'on continue, en bordure du remblai de la ligne, sur les parties utilisables des bas côtés, la r. étant pavée. Celle-ci traverse la populeuse localité d'Angleur (**1.7** — Pavé : 3') ou se détache à dr. le ch. de Tilff (6.7).

Nota. — Le ch. de Tilff est le début de la r. qui remonte la pittoresque vallée de l'*Ourthe* (*V.*, page 56, de *Liège à Marche*, B). Notre itinéraire rejoint cette vallée, en amont, à Pont-de-Scay près de Comblain-au-Pont (*V.* page 70).

Plus loin, la r., inclinant à g., traverse un large passage à niveau, voisin de la station d'Angleur, ensuite vient longer un viaduc sous lequel elle passe, à g., à l'avant-dernière arche. Ce parcours affreux contraste singulièrement avec les jolis paysages qui s'offriront bientôt à la vue au delà de Chênée.

Nouvelle montée (3'), entre une montagne fumante de scories, à g., et les importantes fonderies de zinc de la *Vieille-Montagne*, à dr., pour atteindre le pont sur l'*Ourthe*, puis la station de Chênée.

Au bas de la rampe qui descend de la gare, tourner à dr. et passer sous la seconde voûte. Cent m. après la voûte, laissant devant soi (**1.2**) le ch. d'Embourg (2.5), qui monte sur le plateau compris entre les deux vallées de l'*Ourthe* et de la *Vesdre*, on suivra à g. la large rue de Chênée (Pavé : 7').

A l'extrémité de cette voie, les bas côtés reparaissent, on passe sous une nouvelle voûte, puis la r., tournant brusquement à dr., vient cotoyer la *Vesdre*; le paysage embellit et la vallée se resserre, tandis qu'apparaît dans le fond, le village de Vaux-sous-Chèvremont.

Après une autre voûte, se présente un passage encaissé entre le haut talus de la ligne et la bordure d'un parc dévalant sur le flanc de la colline.

Au delà du hameau de Henne, la r., un moment macadamisée dans toute sa largeur, quitte définivement les sombres et tristes agglomérations manufacturières pour remonter insensiblement le délicieux vallon, au pied de montagnes verdoyantes parmi des vergers et de fraiches pelouses.

A l'entrée de Chaudfontaine, ayant franchi un petit bras de la rivière, bientôt on atteint le gracieux pont qui relie l'Hôtel des *Bains* (**3.8** — Pavé : 2') au parc du *Kursaal* et à la gare.

Chaudfontaine, dans un coin ombragé, le long de la route et sur le bord de la Vesdre, est une petite station balnéaire très calme, principalement fréquentée par les Liégeois. Ses eaux, qui ont la température exacte du corps (36°), se prennent principalement en bains (cabines à l'hôtel des *Bains*) dans le traitement des maladies nerveuses, rhumatismales ou cutanées.

A l'issue de Chaudfontaine, la r. franchit la Vesdre et après un berceau de verdure, débouche dans l'étroit bassin de Prayon, où les usines de la *Brouck* dressent vers le ciel leurs atroces cheminées en points d'exclamation.

Dépassé le long village de Prayon (**3.2** — Pavé : 3'), à l'entrée du vallon de Soumagne, la vallée, très sinueuse, se rétrécit et présente une série de ravissants paysages; à dr., petit castel. Plus loin, se détache du même côté (**1.5**), le ch. de Louvegnez (6) et de Remouchamps (13) qui traverse le plateau intermédiaire entre la vallée de la *Vesdre* et celle de l'*Amblève*.

On franchit la rivière à Basse-Fraipont (**2.5**) dans un joli site, puis on atteint le bourg de Nessonvaux (**1.5**); à dr., sur une haute colline qui domine la région, sont juchés deux châteaux modernes.

La r., pas banale, avec ses alternatives de pavage, bordée de bas côtés, très praticables, s'améliore; elle épouse les charmants circuits de la vallée et monte légèrement près de la halte de Goffontaine (**3.1**). On rencontre plusieurs hameaux, entre autre celui de Flers (**1.6**), au pied d'un donjon qui couronne un promontoire aigu. Deux ponts sur la Vesdre, au contour de cette pointe avancée, puis passage à niveau de Cornesse (**0.8**). D'ici, on découvre à dr. le décoratif *château des Mazures*, domaine situé dans un magnifique parc, sur l'inclinaison d'une verte pelouse, précédé d'un portail isolé qu'ornemente le style héraldique.

En opposition au romantisme de ce paysage, succède, cinq cents m. plus loin, au premier tournant, la prosaïque apparition d'une affreuse usine qui signale l'entrée du faubourg de Pepinster.

A l'angle du pont (**1.2**), laisser devant soi la r. de Verviers pour franchir une dernière fois la Vesdre à dr.

Pour mémoire. — De **Pepinster** à **Aix-la-Chapelle** (Prusse), par Ensival (**3.5**), **Verviers** (**3** — Ch.-l. d'arr. — 60.100 hab. — Buffet à la gare. — Hôt. du *Chemin-de-fer*. — Café de la *Poste*), Dolhain (**8.5**), Baelen (**3**), Stockem (**3**), Eupen (**1** — Hôt. *Reinartz*), Kettenifs (**2**), Merols (**1.5**), Emalte (**1**), Borcette (**7.5**) et Aix-la-Chapelle (**2** — 104.300 hab. — Hôt. de l'*Union*, du *Nord*, près de la gare).

Cette r., continuant dans la vallée de la Vesdre, est peu accidentée jusqu'à Eupen. Long pavage depuis l'entrée d'Ensival jusqu'à la sortie de Verviers. Cette dernière ville, le Manchester belge, renommée pour sa fabrication de drap, n'a rien qui puisse retenir le touriste. Entre Verviers et Dolhain, macadam médiocre, puis le terrain s'améliore. On passe la frontière en arrivant à Stockem. Après Eupen, le parcours s'accidente ; traversée de grands bois dans les environs d'Emalte.

De l'autre côté de la rivière, sitôt après le pont à trois arches du ch. de fer, s'ouvre la large et longue rue de Pepinster (2.500 hab. — Hôt. *Belle-Vue*, vis-à-vis la gare — Pavé : 8'), localité sans intérêt qui doit son nom à *Pépin*, maire du palais des rois francs.

A l'extrémité de la rue, pont sur la *Hoëgne*. La r., inclinant à g., laisse à dr. (**1**) le ch. montant de Louvegnez (10) et traverse la voie ferrée pour se diriger vers Theux. On remonte insensiblement le joli vallon de la Hoëgne, entre des montagnes boisées. Rampe de trois cents m. près des *forges Thiry* (**1.3**), puis successivement se présentent Juslenville (**1** — Pavé : 5') et Theux (**1.2** — Pavé : 10').

Dans ce dernier bourg, la rivière franchie, on suivra la rue *Grand-Vinave*, à g., ensuite la rue de *Hovemont*, en passant à g. d'une colonne et d'une ancienne fontaine.

A la sortie de Theux, apparaissent, sur une éminence, les ruines considérables du *château de Franchimont*, qui dominent le hameau de Marché (**1**).

Pour visiter les ruines du **château de Franchimont** (45' aller et retour ; pourboire, 50 c.), on devra laisser sa machine en garde au café *J. Jambon*, à Marché, vis-à-vis le petit pont du ch. de Sassor (**2.5**). On traverse le pont et le passage à niveau, à g., pour se rendre, à deux cents m. de là, chez le concierge du château, qui demeure dans le haut de Marché et conduit dans l'enceinte des ruines (beaux points de vue sur la vallée de la Hoëgne).

Au delà de Marché, négligeant le ch. à g., on gravira, à dr., une côte (3'), en bordure d'une usine, et, par une seconde montée (3'), on atteindra le hameau de Spixhe (**1**) où se détache à dr. un premier ch. vers La Reid (6). La rampe se prolonge pendant cinq cents m. sur le versant des prairies de la vallée du *Wayai*, qui débouche ici, puis une descente mène à l'embranchement (**1**) de la r. de Remouchamps (10), par La Reid (3.5).

Dépassé la gare isolée de La Reid, le ch. s'élève graduellement dans un étroit vallon entre des escarpements rocheux (Côte : 2'). Au hameau du Marteau (**3** — Pavé : 2'), laissant à dr. le ch. de Stoumont (10), on franchit la rivière, ainsi que la ligne ferrée, et l'on pénètre dans une courte gorge, plantée de sapins. Presque aussitôt commence l'*avenue du Marteau*, garnie d'une quadruple rangée d'arbres et resserrée entre les taillis de la montagne et le cours du Wayai.

Cette superbe promenade, dont on suivra la chaussée latérale de droite, conduit en ligne directe, sur une longueur de plus de deux kil., à l'entrée de Spa (Ch.-l. de c. — 7.500 hab.), coquette ville d'eau, station de premier ordre, située au milieu du massif des Ardennes belges.

Dès qu'on a dépassé la rue montant à la gare, à dr. (**1.7**), on rencontre de chaque côté de l'avenue la série habituelle des villas et hôtels des stations thermales.

En arrivant sur la place *Royale* (**0.1** — Pavé : 6' — Café de *Munich*), on voit : à g., le *Salon de conversation*, construction en briques, attenante à la galerie vitrée *Léopold II*, en bordure du *parc de Sept-Heures* et, un peu plus loin, en retrait, à dr., l'*établissement des Bains*.

La rue *Royale*, centre de la ville, prolonge la place. Dans cette rue, se trouve situé à g., au n° 11, l'excellent hôtel *Continental* où l'on devra s'arrêter (**0.1** — Déjeuner 2 fr. ; dîner 3 fr. ; chambre depuis 2 fr.).

Visite de la ville de Spa (environ 1 h. 1/2). — Presque en face de l'hôtel *Continental* se trouve le *Casino* (café très fréquenté) avec luxueux salons de jeux et de fêtes. A dr. du casino, la rue

Royale aboutit sur la place *Pierre-le-Grand*, vis-à-vis le pavillon octogonal du célèbre *Pouhon*, où jaillit la meilleure des seize sources de Spa (eaux souveraines dans le traitement des affections chlorotiques et anémiques). Avant de pénétrer dans l'intérieur du Pouhon, monter la première rue à dr. de la place, la rue d'*Amontville*, puis tourner à g. dans la rue *Xhrouet*, devant l'église paroissiale. Descendre ensuite une rampe à dr. et passer à g. au pied de la fontaine ornée de Génies. Visite de la salle et du jardin d'hiver du Pouhon, celui-ci décoré du tableau intitulé le *Livre d'Or de Spa*. A la sortie du Pouhon, la rue du *Marché*, à dr., laisse à g. une ruelle où se trouve situé le *Pouhon du Prince de Condé*.

Quelques m. plus loin, abandonnant la rue du Marché, on suivra la rue à g. qui longe la cour de l'Hôtel de Ville et conduit à une place triangulaire, avec fontaine, vis-à-vis l'Ecole moyenne ; ici, gravir à dr. la rue *Brixhe*. Dépassé la Chapelle évangélique, on atteint un ch. à g. menant sur la montagne d'*Annette et Lubin*.

Parvenu au *point de vue*, au-dessous de la croix, il faut continuer sous bois, toujours à dr. On arrive ainsi à la terrasse qui domine le parc de *Sept-Heures*. En tenant la droite, le ch. descend et vient aboutir à l'extrémité de ce parc. Pour revenir à la place *Royale*, traverser le parc de Sept-Heures à g., où, s'il est clos, prendre plus loin à g. l'avenue du *Marteau*.

Excursions recommandées au départ de Spa. — Le lac de Warfaz et le **tour des Fontaines** (**11** kil. **800** m., aller et retour — Côtes : 41' — Pavé : 13').

Itinéraire : Sur la place *Pierre-le-Grand*, prendre la rue du *Marché* (Pavé : 3') à g. du pavillon du Pouhon. Elle mène au début d'une belle avenue, bien ombragée, légèrement montante, qu'on suivra. Parvenu à une bifurcation de trois r., vis-à-vis la *villa Pompeia* (**0.5**), laissant à dr. la direction de Sart (6.2) et à g. celle de l'Hippodrome (3), on continuera par la r. du milieu, qui est celle de Tiège (Côtes : 5' et 3'). On dépasse successivement à dr. l'*école de natation*, dans un bassin de retenue du *Wayai*, et une jolie propriété, avec cascade, avant d'arriver au *lac de Warfaz*, bel étang artificiel au pied de la colline du *Heid du Pouhon* (**1.5**). Ici, la r. tourne à dr. entre le lac et un hôtel-restaurant. Cent m. plus loin, abandonner la r. de voiture, qui fait un grand détour, et prendre à dr. le ch. de la source du Tonnelet, indiqué par un poteau.

Ce ch. de raccourci (pas cyclable ; à pied, 25') aboutit (**1.8**) à la belle *route des Fontaines*, à quelques m. de la source du *Tonnelet* (café rest. à dr.). En montant (20') la r. à g., magnifique avenue sous bois, on laisse à g. le ch. de Sart, et, cinq cents m. plus loin, à dr., une promenade pour piétons, dans la direction de la Sauvenière.

A la source de la *Sauvenière* (**1.2** — Café-rest.), on croise la r. de Spa (2.5) à Francorchamps (5.5) pour continuer à monter sous bois (Côte : 6') vers la Géronstère. Dépassé l'embranchement du ch. des Sables (**0.8**), la r. descend, traverse le ruisseau de la *Puherotte*, puis remonte encore (Côte : 7') pour atteindre (**1.2**) le croisement du ch. de Spa (3) à Vecquée (2 5). A partir d'ici il n'y a plus qu'à descendre jusqu'à Spa.

Arrivé au superbe carrefour de la source de la *Géronstère* (**0.8** — Café-rest.), laissant à g. la r. de La Gleize (9 — direction de la cascade de Coo, *V.* page 65), on tournera à dr. Cinquante m. plus loin, se présente une bifurcation : la r. de dr. ramène directement à Spa (2.2), tandis que celle de g., plus longue, conduit à cette ville par Barisart ; prendre cette dernière de préférence. Descente rapide en lacets ; on franchit deux fois le ruisseau de *Hoetaisart* et, au delà d'une petite prairie, on passe devant la source *Barisart* (Café-rest.).

Le retour vers Spa s'effectue par une avenue, bordée de nombreuses villas de tous styles, le long du ruisseau du *Vieux-Spa*. En ville, la rue de *Barisart* (Pavé : 10') conduit à la place *Verte*, plantée d'arbres. A l'extrémité de cette place, la rue *Neuve*, à dr., rejoint la place *Royale*, dans Spa (**4.3**).

Pour mémoire. — De **Spa** à **Luxembourg** (Grand-Duché), par Coo (**16.2**), Trois-Ponts (**2.5** — Aub. des *Ardennes*), Grand-Halleux (**7**), Viel-Salm (**6** — Hôt. de *Belle-Vue*), Salm-Château (**3**), Deyfeld (**13**), frontière luxembourgeoise (**1.7**), Weiswampach (**7.2**), Heinerscheid (**3.1**), Hosingen (**10.5** — Hôt. *Hippert*), Hosingerdicht (**5.5**), Hoscheid (**2.5**), Erpeldange (**12.2**), **Ettelbrück** (**2.0**), **Mersch** et Luxembourg (**30.2**).

Ou Spa, Malchamps (**6**), Francorchamps (**3**), **Stavelot** (**9** — 3.000 hab. — Hôt. d'*Orange*) et Trois-Ponts (**4.5** — *V.* ci-dessus).

De Spa à Coo, *V.* page 65. La r. continue à remonter insensiblement la vallée de l'*Amblève* jusqu'à Trois-Ponts, puis s'engage dans le joli vallon de la *Salm*. Cinq kil. après Salm-Château, le terrain s'accidente; forte montée suivie d'ondulations accentuées. Dépassé la frontière, deux côtes et deux descentes ; les principaux villages du Grand-Duché sont pavés. La r., accidentée, présente plusieurs côtes et quelques descentes rapides en lacets. Après Weiswampach, la région devient sauvage et boisée, forte descente à Heinerscheid. Au delà d'Heinerscheid, ondulé, puis descente rapide vers Erpeldange dans la vallée de la *Sûre* qu'on suit jusqu'à Ettelbrück.

D'Ettelbrück à Luxembourg, *V.* page 126.

La r. de Spa à Stavelot présente une côte de six kil., entre Spa et Malchamps, dont les quatre premiers très durs; ensuite descente de deux kil. vers Francorchamps. Au delà de ce village, la descente continue encore rapide pendant deux autres kil., puis s'adoucit dans la pittoresque vallée de l'*Eau-Rouge*. On traverse la ville de Stavelot et, toujours descendant, on atteint Trois-Ponts.

De **Spa** à **Arlon**, par Salm-Château (**34.7**), Bovigny (**5.5**), Cherain (**6.5**), Sommerain (**4.6**), **Houffalize** (**5**), **Bastogne** (**17**) et Arlon (**41**).

De Spa à Salm-Château, *V.* page 63. La r. s'accidente à partir de Bovigny. Elle monte, puis descend vers Cherain. On franchit trois ruisseaux affluents de l'*Ourthe*; côte d'un kil. pour gagner Sommerain. Entre ce village et Houffalize, deux descentes de un et deux kil., partagées par une côte très dure de quinze cents m.

D'Houffalize à Arlon, *V.* page 55.

DE SPA A REMOUCHAMPS

PAR LA GÉRONSTÈRE, ANDRIMONT, MOULIN-DU-RUY, ROANNE, COO, LA GLEIZE, STOUMONT, TAGNON ET SEDOZ.

Distance : **11** kil. **800** m. *Côtes :* **2** h. **12** min. *Pavé :* **10** min.

Nota. — Cette magnifique route, très pittoresque, présente deux longues côtes : la première, de cinq kil., à la sortie de Spa ; la seconde, de quinze cents m., avant La Gleize. Belles descentes vers Le Moulin-du-Ruy et la gare de Stoumont. Les autres côtes du parcours sont peu importantes, la route descendant insensiblement la vallée de l'Amblève depuis Stoumont.

Au départ de l'hôtel *Continental*, suivre à g. la rue *Royale* (Pavé : 8'). Quelques m. plus loin, à la place *Pierre-le-Grand*, monter à dr. la rue d'*Amontville*, en laissant à g. l'église ainsi que l'hôtel de *Flandre*. Le prolongement de la rue d'Amontville, la rue du *Waux-Hall*, coupe la *ligne de Spa à Stavelot* et passe entre le *Waux-Hall*, à g., ancienne salle de jeu, aujourd'hui transformée en pensionnat, et le *Vélodrome*, à dr.

Ici le pavage cesse et la r., bordée de beaux arbres, gravit durement (Côte : 40') le versant de prairies qui précède la lisière des bois du *Thier de Statte*. Dans ceux-ci, on franchit le ruisseau du *Hoctaisart*, et, rejoignant le ch. de Spa par Barisart (V. page 63), on arrive au magnifique carrefour de la Géronstère (**3.1** — à dr., café-restaurant de la *Source*).

Laissant à g. le ch. de la Sauvenière (V. page 63), on continuera devant soi à monter (35') la r. de La Gleize, à travers de belles futaies ; trois cents m. plus loin se détache, à dr., le ch. de Creppe (3). La r. décrit deux grands crochets, parmi les sapins, et gagne la lisière de la forêt au *plateau des Fagnes*, vaste lande inculte à dr.

3

Au commencement de la descente, vue étendue sur la région ardennaise, bossuée de hauteurs, couvertes de bois ou de landes, et creusée par de profondes vallées. Au premier embranchement (**3**), faire attention : quitter la r. de La Gleize (4) et prendre à g. le ch. de Coo. Il descend rapidement vers la vallée du *Roannay* en rencontrant les gracieux hameaux d'Andrimont (**1.7**) et de Ruy (**2.2**) dont les maisons ont quelque analogie, comme construction, avec celles de Normandie. A l'entrée de Ruy, on rejoint le ch. de Francorchamps (5).

La pente s'adoucit ; sur le bord de la r. un édicule, à g., abrite une source d'eau minérale non exploitée. Dans le village du Moulin-du-Ruy (**1.3**), pont sur le Roannay, en laissant à g. le ch. d'Exbomont (2).

La r. remonte (Côte : 8'), puis ondule à travers un paysage accidenté où se blottissent les hameaux de Moustier et de Roanne (**1.6**) ; elle descend ensuite rapidement vers les fonds de la **vallée de l'Amblève**, au pied de hautes croupes tapissées de sombres forêts.

Le site est d'une grande beauté en approchant du passage à niveau de la station de Coo-Roanne, sur la *ligne de Liège à Luxembourg*. De l'autre côté de la voie ferrée, au bas de la rampe de la station, on rejoint (**2.1**) également la r. royale de Liège à Luxembourg, en bordure de l'Amblève, rivière au cours tortueux dans une des plus jolies vallées de l'Ardenne belge.

Ici, laisser à dr. la r. de La Gleize, qu'on suivra en revenant, et remonter à g. la vallée dans la direction de Coo (Côte : 2').

La chaussée, au pied d'une montagne boisée, suit la rivière et découvre, au premier coude, la *cascade de Coo*, voisine d'une grande bâtisse blanche qui dépare le paysage ; montée (2').

Prendre le second ch. à dr. (**1.2**) pour descendre vers le village de Coo, passer au-dessus même de la cascade et aboutir devant les terrasses des hôtels de la *Cascade* et *Caron* (**0.2**).

La cascade de Coo, l'unique de l'Ardenne, n'est pas l'œuvre de la nature, mais est due à une entaille du rocher exécutée au siècle dernier par les moines de Stavelot. Cette chute d'eau, qui est double, n'en produit pas moins un magnifique effet dans le bel entourage de montagnes qui a fait justement dénommer cette région la *petite Suisse belge*.

Un sentier, en escalier, à côté du pont, descend entre les deux cascades jusqu'au bas des chutes. Cependant, pour bien voir l'ensemble, il faut se rendre sur le bord de la prairie, située en aval, sur la rive g. Un ch., à côté de l'église (passage, 10 c.), y conduit en quelques minutes.

Le village de Coo se divise en deux parties. Le *Petit-Coo*, avec ses hôtels, voisin de la cascade, est devenu un centre de villégiature. Le *Grand-Coo* s'étage sur le versant de la colline, à l'extrémité du ch. montant derrière l'église.

De Coo, revenir à l'embranchement (**1.1** — Montée : 2') du ch. de Spa, par lequel on est arrivé, et, laissant à dr. la rampe de la station de Coo-Roanne, continuer à g. la r. de La Gleize. Celle-ci descend insensiblement la rive dr. de la rivière, jusqu'au viaduc (**0.6**) du ch. de fer ; puis, s'écartant de la vallée de l'Amblève, dont elle ne peut suivre les méandres trop encaissés. rentre à dr. dans la vallée du Roannay. Le ruisseau franchi, on gravit les prairies inclinées de La Gleize (Côte: 20').

Dans ce village (**2.6**), se détachent successivement : à g., le ch. de Rahier (6.5) et, à dr. (**0.1**), la r. de Spa (12). On domine, à présent, d'une assez grande élévation, la vallée de l'Amblève, dont on s'est rapproché ; montée (5'), puis traversée du *bois de Basinge* où, parmi des hêtres, s'élève à g. (**1.1**) la petite *chapelle Sainte-Anne*. Après quelques ondulations (Côtes : 2' et 1') la r. atteint Stoumont (**1.7**). village joliment situé, sur la hauteur, à l'embranchement du ch. de Spa (12) par Desnié (7)

Belle descente, en décrivant un double lacet, pour franchir le ravin du *Nonnon*. Plus bas, au delà de Tagnon (**2.8**), on rejoint (**0.8**) une r. venant de Rahier (7) avant de passer devant la gare de Stoumont (**0.5** — Pavé : 1'). Ici, finit la descente qui ramène dans les fonds si pittoresques de la vallée de l'Amblève, entre des escarpements boisés admirablement découpés.

Successivement on reconnait la halte de Naze (**1.8**) et la gare de Quareux (**2.5** — Pavé : 1'), au milieu de paysages d'une infinie séduction ; légère montée. Le val s'évase en un petit bassin de prairies à l'approche du hameau de Sedoz (**3.5**), au confluent du ruisseau du *Donneux*.

A Sedoz, vis-à-vis le débit de la *Chaudière* (où l'on pourra laisser sa machine en garde), s'ouvre à dr. un ch., entre des haies, qui conduit à la *Chaudière* (0.5 — 20' aller et retour). Après une maison et avoir franchi, sur un tronc d'arbre, le ruisseau, on suit un ch. forestier qui monte à travers bois ; trois cents m. plus loin, on devra quitter ce ch. et prendre à g. un sentier descendant à la **Chaudière**. Celle-ci est une sorte de cuve, creusée par la chute des eaux de deux ruisseaux qui viennent se confondre dans ce lieu sauvage, devant un écriteau sur lequel est inscrit : *Chife-golle*.

La r. ondule (Côtes ; 2', 1', 2' et 2') à travers une charmante contrée, laisse à g. le pont de Noncevaux et double un promontoire accentué que la ligne du ch. de fer, coupe sous un tunnel. Après une descente, on contourne la pointe qui semblait barrer la vallée, et, ayant gravi deux courtes montées (2' et 3'), on voit apparaître, sur un rocher de la rive g., le beau *domaine de Montjardin*, composé d'un château moderne et d'un vieux manoir, propriété de la famille de *Theux*.

Dépassé le viaduc biais de la voie ferrée, on entre dans le village de Remouchamps, situé aux jonctions des r. de Spa (17) et de Louvegnez (6.2).

S'arrêter à l'hôtel recommandé des *Etrangers*, à g. (**5.7** — bains de rivière à l'hôtel).

Excursions recommandées au départ de Remouchamps. — Remouchamps, dans un des plus beaux endroits du val de l'Amblève, est un centre de villégiature très fréquenté. Les nombreuses excursions qu'on peut faire, dans la vallée ou aux environs, y attirent les touristes. On trouvera, auprès du propriétaire de l'hôtel des *Etrangers*, tous les renseignements nécessaires concernant les promenades.

On s'arrête surtout à Remouchamps pour visiter sa *Grotte*, dont l'entrée se trouve à quelques m. de l'hôtel (prix : 2 fr., plus un petit pourboire ; s'adresser à l'hôtel pour se procurer guide et costume ; durée du parcours, 1 h. 1/2 environ).

La **grotte de Remouchamps**, d'un accès rendu facile, se compose de trois galeries superposées, reliées par des entonnoirs munis d'échelles. Généralement on se contente de voir les deux grottes supérieures, qui renferment de belles salles, ornées de magnifiques stalactites et stalagmites revêtant les formes les plus variées.

DE REMOUCHAMPS A DURBUY

PAR AYWAILLE, PONT-DE-SCAY, COMBLAIN-AU-PONT, COMBLAIN-LA-TOUR, FAIRON, HAMOIR ET TOHOGNE.

Distance : **21** kil. **200** m. *Côtes :* **1** h. **12** min. *Pavé :* **13** min.

Nota. — Route très jolie descendant la vallée de l'Amblève jusqu'à Pont-de-Scay, ensuite remontant la vallée de l'Ourthe. Trois longues côtes : la première, d'un kil., après Comblain-la-Tour ; les deux autres, d'un kil. et de deux kil. et demi, entre Hamoir et Tohogne.

Quittant l'hôtel des *Etrangers*, on suivra la r. à dr., dans la direction d'Aywaille, en longeant les maisons de Sougnez, village qui touche Remouchamps.

A cinq cents m. de l'hôtel, il faut traverser le pont sur l'*Amblève* et continuer par la r. de la rive g. A dr., une montagne à pic est exploitée comme carrière ; sur le bord de la r., l'église isolée de Dieupart.

Dans la petite ville d'Aywaille (**3** — Pavé : 5' — 3.500 hab. — Hôt. du *Luxembourg*), laissant à g. le ch. d'Harzé (1), on tourne à dr., vis-à-vis un kiosque à musique, et, cent m. plus loin, près d'une pompe, on prend à g. la r. de Comblain-au-Pont, en abandonnant celle de Sprimont (3.5) qui franchit le pont suspendu d'Aywaille.

La chaussée longe les prairies arrosées par l'Amblève et monte légèrement pour venir en bordure de la rivière. On passe devant une scierie de marbre et de granit (Pavé : 1'), tandis que sur la rive opposée se dresse une arête rocheuse, en forme d'éperon, qui porte le donjon ruiné du *château d'Amblève*, berceau des fameux Quatre fils Aymon.

De loin, ces ruines enjolivent le paysage ; de près, les vestiges informes de murs qui les composent, perdus au milieu d'épais taillis ne valent pas, pour les visiter, la fatigue d'un assez long détour à faire depuis Aywaille (5 kil. aller et retour, dont 45' à pied pour monter aux ruines, depuis le hameau d'Amblève, où habite le gardien).

La r. et la rivière décrivent une grande courbe autour de la station de Martinrive, à cheval sur le remblai de la ligne, au milieu de la vallée ; puis on pénètre dans un étranglement dont les hauteurs, jadis bien boisées, sont aujourd'hui entièrement nues, bouleversées par les vastes exploitations des carrières qui environnent le hameau de Halleux (**5.3**). Parcours assez sévère jusqu'au village du Pont-de-Scay, au confluent des vallées de l'*Amblève* et de l'*Ourthe*.

Au Pont-de-Scay, parvenu au croisement (**2.8**) du ch. de la gare de Comblain-au-Pont à Fraiture (2), tourner à g. et s'arrêter, pour déjeuner, en face de la gare, à l'excellent petit hôtel recommandé des *Familles* (**0.1**).

Nota. — En cas de séjour à Comblain-au-Pont, l'hôtel des *Familles* est tout indiqué. Cette maison, dans un nid de verdure, à l'entrée des vallées de l'Amblève et de l'Ourthe, offre aux touristes une villégiature agréable, économique et tranquille, voisine de ravissantes excursions. Nous signalerons particulièrement la *promenade des Rochers* (45'), attenante à l'hôtel, pour ses beaux points de vue sur les deux vallées, ses frais ombrages et ses jolies grottes.

Après le déjeuner, revenir à la r. (**0.1**), puis traverser à g. le passage à niveau et, aussitôt, le pont sur l'*Ourthe* (Pavé : 1'). De l'autre côté du pont (**0.1**), abandonner à dr. la r. de Liège, par Poulseur (1.7), et continuer à g., vers le village de Comblain-au-Pont.

La r. d'abord pavée, mais bordée d'un bon bas-côté, remonte la rive g. de l'Ourthe ; elle double une haute falaise, taillée à pic, près de roches aiguës, ensuite décrit une courbe gracieuse pour passer entre la rivière et les maisons de Comblain-au-Pont (**1.1**). Ici, on croise le ch. de fer vicinal (*garez-vous des trains*) en laissant à dr. le ch. d'Anthisne (1.5).

La chaussée s'élève doucement à travers le val que gâte malheureusement une trop grande exploitation de carrières. De toute part, des amas de pavés s'amoncellent autour de vastes chantiers ainsi que sur le versant des collines, attristant de leur teinte grise les vertes frondaisons.

Une légère rampe, suivie d'une descente, mène au pont de Combiain-la-Tour (**3.1** — Pavé : 1') qu'on laisse à g. avec le ch. de Xhoris (1.5) La r. s'écarte de la rivière pour s'élever à travers champs (Côte : 12'), puis, ayant gravi une prairie fortement inclinée, descend vers Fairon (**2.5** — Pavé : 2').

Dans ce village, on monte (3'), en contournant la butte sur laquelle est bâtie l'église. Aux dernières maisons, une bifurcation se présente : négligeant à dr. le ch. d'Anthisne (6), continuer à g. dans la direction d'Hamoir. La rampe, tracée en corniche au-dessus du cours de l'Ourthe, rejoint dans ces parages, longe le parc du *château d'Odeigne*. On descend ensuite vers les prairies de Xhignesse où l'on retrouve la voie ferrée ; à dr. (**1.5** — Montée : 1'), embranchement d'une r. venant d'Ouffet (5.7).

Un kil. plus loin, on atteint, après une côte (2'), le gros village d'Hamoir, au point de jonction des rivières de l'*Ourthe* et du *Néblon*, dans un site agréable de la vallée élargie. Sur la place, au pied de l'église (**1**), ne pas traverser le passage à niveau, à g., mais tourner à dr. (Montée : 2') ; cent cinquante m. plus loin, abandonnant la r. d'Ouffet (10), suivre à g. le ch. de Tohogne.

Ce ch. traverse le Néblon et suit parallèlement la ligne ; de l'autre côté de la voie, le beau *château d'Hamoir-Lassus*, au milieu de prairies. On s'éloigne du ch. de fer pour s'élever à flanc de colline (Côte : 15'), au-dessus d'un riant paysage, puis on descend parmi de pittoresques vallonnements. Après la croisée (**3.3**) du ch. d'Houmard (2) à Verlaine (0.7), la côte reprend très longue (35') et gagne, au delà de bouquets de sapins, le plateau de Tohogne.

A un premier carrefour, le ch. de Bomal (3) et de Verlaine (2.5) vient rejoindre à g., puis, cinq cents m. plus loin, on entre dans le village de Tohogne (**3**), à l'intersection du ch. de Longueville (2.2) à Bomal (1.5) et Barvaux (5.2).

Traverser tout le village et prendre (**0.5**) la deuxième r. à dr., préférable au ch. de Durbuy (3.8), vis-à-vis, par Warre (2), peu recommandable.

Après une courte montée (2'), la r., se confondant (**0.9**) avec celle d'Oneux (4) et de Jenneret (6.1), descend le délicieux ravin de *Vedeur* qui débouche, près d'une fabrique de mètres en bois, dans la vallée de l'Ourthe qu'on avait perdu de vue depuis Hamoir; à g., jonction du ch. escarpé de Tohogne par Warre (*V.* ci-dessus).

Le château de Durbuy apparait dans un étranglement de la verdoyante vallée et bientôt on atteint le bourg. Au petit pont, en dos d'âne, sur la rivière, on laisse à dr. le ch. de Palenge (2.8), d'où, à trois cents m. de là, se présente la plus jolie vue du site renommé de Durbuy (Ch.-l. de c. — 450 hab.).

L'Ourthe franchie, la rue principale (Pavé : 3') contourne le pied du château, modernisé, appartenant à M. le comte d'*Ursel*, et passe devant l'église. Un peu plus loin, se présente un second pont, à trois arches (**3.1**), élevé au-dessus d'un des bras de la rivière, généralement à sec, mais dans lequel se déversent les eaux à l'époque des crues.

A g. du pont, au bas de la petite rampe, se trouve l'hôtel de *Liège* avec jardin ombragé.

DE DURBUY A ROCHEFORT

PAR PETIT-HAN, NOISEUX, MARCHE, MARLOIE, JEMEPPE-HARGIMONT, ON ET JEMELLE.

Distance : **30** kil. **900** m. *Côtes :* **1** h. **3** min.
Pavé : **28** min.

Nota. — Belle route, ondulée, ne présentant que deux fortes côtes : l'une, de dix-huit cents m., à Noiseux ; l'autre, d'un kil., après Marche. Descente rapide de deux kil. entre Marloie et Jemeppe-Hargimont.

Quittant l'hôtel de *Liège*, on traverse le pont sur le bras latéral de l'*Ourthe* pour gagner la sortie de Durbuy (Pavé : 2') ; aux dernières maisons, se détache à g. le ch. escarpé de Barvaux (4). La r., sous la forme d'une belle avenue, continue dans la direction de Petit-Han et remonte insensiblement la vallée, plus découverte.

Après l'embranchement, vis-à-vis un débit isolé (**2.1**), du ch. de Petite-Somme (2 8), à dr., on incline à g., en s'écartant de la rivière, pour gravir une côte de cinq cents m. (6') et atteindre la bifurcation (**0.5**) du ch. de Marche par Noiseux. Ici, abandonner la r. de la station de Barvaux (5.1) et descendre à dr. vers Petit-Han, village caché dans une dépression de terrain.

Trois petites côtes (1', 2' et 3') élèvent sur un plateau de cultures, où croise (**1.9**) la r. de Grand-Han (1) à Melreux (5.3) et à Laroche (23.5 — V. page 87). Poursuivant dans la direction de Baillonville, on roule sur la plaine ondulée du hameau de Montheuville, puis une descente ramène vers un capricieux méandre de l'Ourthe qui arrose un large cirque de prairies; gracieux paysage du pont de Deulin et de la brèche par laquelle la r. doit passer à dr.

On laisse à g. (**2.9**) le pont, avec le ch. de Melreux (5), ensuite, pénétrant dans la profonde entaille creusée dans le roc, on découvre le site de Noiseux, village situé à mi-côte, au-dessus d'une nouvelle boucle de l'Ourthe. On franchit une dernière fois la louvoyante rivière (Pavé 1') avant de monter dans Noiseux (**1.3** — Hôt. du *Condroz* — Côte : 25'). A la sortie de ce village, négliger à g. le ch. de Bordon (5) et descendre à dr. pour rejoindre (**2.3**) la r. de Terwagne (21) à Marche.

Au croisement, abandonner la r. de Baillonville (1) et de Hogne (7) et tourner à g. On parcourt les vastes et fertiles plaines des confins du Condroz et de la Famenne, aux ondulations plaquées, ça et là, de bois; deux descentes et deux côtes (7' et 4'), partagées par un minuscule ruisseau.

Une pente douce conduit vers Marche, ancienne capitale de la Famenne (Ch.-l. d'arr. — 3.500 hab. — Pavé ; 13' — Hôt. de la *Cloche*); à g, couvent en briques des carmélites, puis jonction d'une r. venant de Barvaux (18.3). La traversée de la petite ville s'effectuera par la rue *Porte-Basse*, ensuite la rue *Dupont*, à dr. Cette dernière aboutit, au centre de la localité (**6.9**), à la *Grande Rue* sur le parcours de la r. de Namur (46.5) à Arlon (81.6), par Saint-Hubert (30.7).

Pour mémoire. — De **Marche** à **Bastogne**, par la bifurcation d'Harsin (**2**), Bande (**3**), la barrière de Champlon (**8.5** — Café de la *Malle-Poste*), Tenneville (**3.5**), Orthenville (**3**) et Bastogne (**16.8** — 2.100 hab. — Hôt. *Collin*).

Cette r., très pittoresque, se détache à dr. de celle de Laroche (*V.* page 75), à trois kil. de Marche. On descend en ligne droite vers le vallon de la *Wamme*, pour y rejoindre la r. venant d'Harsin. Tournant à g., on remonte le vallon pendant près de deux kil., à travers la forêt de Saint-Hubert. Après la barrière de Champlon, descente rapide d'un kil., puis pente adoucie; on traverse l'*Ourthe* près d'Orthenville. Côte dure de deux kil. et demi, ensuite légères ondulations jusqu'à Bastogne.

De **Marche** à **Houffalize**, par la bifurcation de la Queue-de-Vache (**17.5**), **Laroche** (**3.5** — *V*. page 87), Maboge (**6**), Berismenil (**3.2**, Nadrin (**2.5**), Grand-Mormont (**3.3**) et Houffalize (**7.5** — 1.300 hab. — Hôt. des *Postes*).

Cette r., très pittoresque et très accidentée, laisse à dr. celle de Bastogne (*V*. page 74), à trois kil de Marche, puis descend rapidement dans le vallon du *Hedrée* qu'elle longe quelque temps. Rampe de neuf kil., coupée par quelques courtes descentes; ensuite longue descente de cinq kil. et demi au hameau de la Queue-de-Vache. Côte de deux kil. suivie d'une descente de cinq cents m. vers Laroche. Montée et descente douces après Laroche. On longe l'*Ourthe* jusqu'au delà de Maboge; puis la r., abandonnant la vallée, s'élève sur le plateau ondulé de Berimesnil. Au delà de Nadrin, descente vers Grand-Mormont pour retrouver la vallée de l'Ourthe, dont on suit le cours pendant sept kil. jusqu'à Houffalize, dans un des sites renommés de l'Ardenne.

De **Marche** à **Liège**, *V*., en sens inverse, page 55.

De **Marche** à **Namur**, *V*., en sens inverse, page 44.

De **Marche** à **Bouillon**, deux routes :

A. — Par **Rochefort**, *V*., ci-dessous, pages 76 et 81.

B. — Par la barrière de Champlon (**18.5**), **Saint-Hubert** (**11.9** — Hôt. du *Chemin-de-Fer*), Poix-Saint-Hubert (**3.4** — Hôt. de la *Poste*), Libin (**5.5**), Villance (**3**), Maissin (**3.5**), Paliseul (**8.5**) et Bouillon (**11** — *V*. page 93).

De Marche à la barrière de Champlon, *V*., ci-dessus, page 74. De la barrière de Champlon à Saint-Hubert, *V*., en sens inverse, l'itinéraire de Saint-Hubert à Laroche, page 86. De Saint-Hubert à Poix-Saint-Hubert, *V*. page 83.

La r., après avoir traversé la *Lomme* à Poix-Saint-Hubert, s'élève par une longue côte sur le plateau de Libin. Au delà de Villance, descente rapide d'un kil. vers la *Lesse* que l'on franchit pour remonter ensuite, pendant un autre kil., jusqu'à Maissin.

Un second ch., un peu plus court, mais moins recommandable, conduit de la bifurcation d'Harsin (à 7 kil. de Marche — *V*. page 74) à Saint-Hubert. Il se dirige à dr., vers Harsin ; puis, après un kil., quittant cette direction, tourne à g. pour passer à Nassogne (6), au fourneau Saint-Michel (6) et gagner Saint-Hubert (7) en traversant une région très accidentée ainsi qu'une partie de la forêt de Saint-Hubert.

Suivre la Grande Rue à g. et, parvenu à hauteur de l'hôtel de la *Cloche* (**0.3**), prendre à dr. la direction de Rochefort.

On s'élève durement (15') pour venir couper la *ligne de Liège à Jemelle*; à dr., vue étendue vers des plaines bossuées, tantôt nues, tantôt parsemées de bouquets de bois. La rampe s'adoucit aux approches de Marloie (**3.8**), d'où une descente rapide de deux kil. mène dans les fonds ombragés de Jemmeppe-Hargimont (**2** - Hôt. *Colson*), gracieux village au confluent de la *Wamme* et de l'*Hèvre*; à g., ch. de Saint-Hubert (28).

Plus loin, à On (**1.5**), la r. franchit la rivière, ensuite passe sous le haut remblai de la ligne, à Jemelle (**2.5** — Pavé : 7'), localité assez populeuse et gare importante. Au delà de Jemelie, la chaussée se déroule parallèlement à une étroite pelouse de prairies, au pied de collines bien boisées.

Dépassé une carrière, passage a niveau de la *ligne de Dinant à Jemelle*, puis entrée dans la coquette ville de Rochefort dont les maisons se groupent à dr., sur les hauteurs, autour d'un élégant petit Hôtel de Ville.

La rue (Pavé : 5') conduit à un carrefour vis-à-vis l'hôtel *Biron* (**2.9**).

Nota. — Pour la visite de la ville de Rochefort, *V.* page 80.

DE DINANT A ROCHEFORT

PAR BOISSELLES, CELLE, HEROCK, LA BELLE-VUE ET CIERGNON.

Distance : **38** kil. **300** m. (détours compris aux châteaux de Wève et d'Ardenne, allongeant de 8 kil.)
Côtes : **2** h. **56** min. *Pavé :* **25** min.

Nota. — Route très accidentée, pittoresque, présentant de nombreuses montées et descentes. La première côte, en quittant Rochefort, mesure quatre kil. et demi; cinq autres côtes varient entre un et deux kil. de longueur.

Au sortir de l'hôtel des *Ardennes*, suivre à dr. la rue *Léopold* (Pavé : 15'). Celle-ci, après la prison, rejoint la *Meuse* au faubourg de Neffe. On passe au pied de l'aiguille de la *Roche à Bayard* et, cent m. plus loin, on arrive à un premier embranchement (**1.1**).

Ici, quitter la r. de Givet (18) et monter à g. la r. de Neufchâteau (68), par Rochefort. On s'élève pendant quatre kil. et demi (5' et 40') dans un ravin boisé d'où se détache à dr (**3.8**), le ch. de Walzin (4). Sur le plateau, la r. file droite, en pente douce, vers Boisselles (**1.7**), au croisement du ch. de Foy-Notre-Dame (1) à

Furfooz (3). Deux petites montées (1' et 1') sont suivies de la descente, à deux tournants très rapides, qui mène vers Celle, dans un gracieux vallon. Près d'arriver au bas de la côte, cinq cents m. avant le village, faire attention de ne pas dépasser la bifurcation (**1.6**) du ch. du Mesnil-Saint-Blaise (13), à dr., si l'on désire visiter les *châteaux de Wève* (deux heures en tout).

Le ch. du Mesnil-Saint-Blaise, au-dessus du village de Celle, descend le vallon du ruisseau de *Celle* jusqu'au hameau de Wève (**2**). A Wève, laisser sa machine au café, à g., *A la Vue du Vieux Château*, et se faire indiquer le sentier qui conduit (15') au château neuf de Wève-Miranda où le régisseur délivre la carte nécessaire pour pénétrer dans le vieux château de Wève, ce dernier situé sur une assise de rochers de la colline opposée. Cette formalité à remplir permettra d'admirer extérieurement le **château de Weve-Miranda** (on ne visite pas l'intérieur) vaste et luxueuse propriété moderne de la famille de *Liedekerke Beaufort*

Muni de la carte, redescendre au hameau de Wève (15') et, traversant la r., gravir le ch. qui mène au vieux **château de Wève** (30' aller et retour, visite comprise), demeure abandonnée, aux appartements, ruinés, dévastés. Par contraste, ce véritable château de la Misère est vraiment curieux à voir après celui de Wève-Miranda.

De Wève, retour à Celle (**2** — Côtes : 7' 2' et 8').

Arrivé dans le haut de Celle, se diriger à dr. par une mauvaise descente, vers l'antique église de Celle, qui mérite également une visite (entrée, 50 c. — deux cryptes, sépultures antiques); ensuite reprendre la r. de Neufchâteau.

Après une côte très dure de quatorze cents m. (20'), la r. de Neufchâteau regagne une arête du plateau, au croisement (**1.1**) du ch. de Ciney (12.5) à Gendron (2); puis par une descente rapide de deux kil., que partage le hameau de Payenne, on arrive dans les fonds pittoresques de l'*Yrvogne*. Cette rivière franchie, nouvelle côte (20') pour atteindre, non loin du faîte de la montée, l'entrée à dr. (**2.7**) de la superbe avenue de tilleuls conduisant au *château royal d'Ardenne*, ainsi qu'à Houyet (3).

Ici, le cycliste qui voudra visiter et déjeuner au château, aujourd'hui transformé en hôtel, abandonnera la r. de Rochefort et suivra à dr. la r. d'Houyet.

La r. d'Houyet mène au carrefour de la *Flige* (**0.8**), dans le voisinage à g. du *chenil* du château, d'où rayonnent six voies. La troisième allée montante, à dr., gagne le château (**1.2**), par la tour Leopold, en traversant un parc merveilleux.

Le **château d'Ardenne** est un des plus beaux domaines de la Belgique. Le roi Leopold II, après y avoir consacré des sommes considérables et en avoir fait un séjour enchanteur, le céda à bail, en 1897, à la Compagnie Internationale des Grands-Hôtels. On peut donc y déjeuner.

Ne pas quitter le château sans avoir parcouru le parc et être monté aux tours *Leopold* et du *Rocher*. Au départ, demander les brochures, concernant le domaine, que la Compagnie distribue aux visiteurs.

Revenir au carrefour de la *Flige* (**1.2**) et, ayant donné un coup d'œil au chenil, venir reprendre la r. de Neufchâteau par l'allée des tilleuls à g. (**0.8**).

La r., montante (7'), de Neufchâteau coupe l'avenue qui reliait l'ancienne ferme de Sanzinne au château d'Ardenne et atteint le sommet de la côte. A la descente, on laisse à dr. (**1.2**) la r. de Givet (19) et, trois cents m. plus loin, à g., près de quelques maisons, le ch. de Montgauthier (5). Très belle échappée de vue sur la vallée de la *Lesse* vers laquelle la r. dévalle rapidement en décrivant une courbe hardie.

Dépassé le hameau d'Hérock (**2**), nouvelle côte (12'). Du point culminant, l'horizon s'étend sur cette vaste région de l'Ardenne entrecoupée de hauts plateaux, tantôt nus, tantôt sombrement boisés que creusent de profondes vallées.

A g., apparait le *château royal de Ciergnon*, entouré d'un beau parc. On descend rapidement dans une tranchée. A mi-pente, près du café de la *Belle-Vue* (**2.6**), abandonner la r. de Neufchâteau (50) et prendre à g. la r. de Rochefort Celle-ci continue à descendre par trois lacets, puis s'élève (5' et 18') en contournant le village de Ciergnon (**1.5**); elle longe ensuite la clôture du parc du château et pénètre en forêt.

A l'étoile, au faite de la montée (**1.5**), se détache à g. le ch. d'Haversin (1.5), et, à dr., à l'angle de la grille du parc, celui de Villers-sur-Lesse (2); continuer devant soi dans la direction de Rochefort.

Descente courbe de deux kil., vers un vallon découvert, suivie d'une montée à peu près d'égale longueur (25'), traversant les bois de la *Famenne*. La descente qui succède débouche dans une sorte de large vallée-plaine, arrosée par les rivières de la *Lesse* et de la *Lomme*, tandis qu'on aperçoit sur la dr. les maisons de Rochefort; petite montée (5'). La r. infléchit brusquement à dr., laissant à g. (**7.5**), le ch. de Ciney; après une ondulation, elle atteint (**0.7**) le pont sur la Lomme.

Le pavage (10') de Rochefort, l'ancienne capitale du comté des Ardennes (2.400 hab.), commence de l'autre côté du pont avec la *Grande Rue* qui, traversant toute la localité, passe devant l'église paroissiale et l'Hôtel de Ville pour venir aboutir, à un carrefour de rues, à l'angle de l'hôtel *Biron* (**0.7**).

Visite de la ville de Rochefort (environ 3 h.). — Pour se rendre au Vieux Château, suivre la rue montante à g. de l'hôtel *Biron*. A trois cents m. de l'hôtel, on laisse à g. le bureau des Grottes de Rochefort et la grille du *Parc des Grottes* (dans ce parc, public aux étrangers, se trouvent un café-buffet et l'entrée des grottes, *V.* ci-dessous). Cent m. plus loin, après avoir dépassé l'hôtel de la *Clef-d'Or*, on arrive au ch., à dr., qui conduit à la propriété renfermant les ruines du Vieux Château (ouvert de 9 h. à midi et de 3 h. à 6 h. — entrée, 50 c.).

L'entrée des **grottes de Rochefort** (5 fr. par personne et petit pourboire au guide; durée de la visite, 1 h. 1/2) s'ouvre dans le haut du *Parc des Grottes* (*V.* ci-dessus). Ces grottes rivalisent en beauté avec celles de Han et doivent être visitées. La direction verticale de leurs couloirs et de leurs puits, magiquement illuminés à la lumière électrique ainsi que par des projecteurs et des ballons de couleur, les singularisent des galeries, plutôt horizontales, de la grotte de Han. Les passages les plus remarquables, ornés de stalactites et de stalagmites d'une blancheur éclatante, portent les noms de *salles des Merveilles*, du *Sabat*, du *val d'Enfer* et des *Arcades*.

On sort des grottes par une issue débouchant sur le sommet de la colline, au milieu d'une prairie. Dans le voisinage, s'élève la *chapelle de Lorette*, au bord d'une terrasse d'où l'on domine la vallée de la Lomme et Rochefort. Vis-à-vis la chapelle, une avenue de tilleuls conduit dans le haut de la ville presque en face du ch. du château (*V.* ci-dessus). On peut également redescendre en ville (10'), soit par une r. qui se détache à dr. de l'avenue, soit par le parc des grottes, situé à l'angle de la r. et de l'avenue.

Excursion recommandée au départ de Rochefort. — La grotte de Han (11 kil. 800 m., aller et retour — Côtes : 25').

Le village de Han-sur-Lesse est situé à **5 kil. 900 m.** de Rochefort (*V.* page 83); mais il faut parcourir encore près de deux kil. et demi à pied entre le village et l'entrée de la grotte (en été, les omnibus de l'hôtel *Biron* conduisent les visiteurs jusqu'à la grotte et les ramènent à Rochefort; prix de la place, 2 fr. par personne). La visite de la grotte, au départ de Han, demande deux heures et demie. Les admissions ont lieu toutes les heures, de 6 h. du matin à 6 h. du soir; cependant il sera préférable de choisir une des heures suivantes : 7, 9, 11, 1 ou 2 h., pendant lesquelles la grotte est éclairée à la lumière électrique. Les tickets sont délivrés au *bureau des Grottes*, à côté de l'hôtel des *Voyageurs*. Prix d'entrée : 7 fr., si l'on est seul, 5 fr. à partir de deux personnes; on paie en plus : 2 fr. pour l'éclairage électrique, 50 c. pour la visite du gouffre et 50 c. pour le coup de canon qui doit réveiller les échos de la grotte. L'administration autorise aussi un pourboire facultatif.

Un guide vous prend au bureau et vous conduit par un ch. de traverse, tracé sur le flanc de la colline opposée, au gouffre (45') où vient se perdre la *Lesse*. Du gouffre, revenant sur ses pas, on atteint l'entrée de la grotte (10').

La visite intérieure demande environ 1 h. 1/4 à 1 h. 1/2. L'accès de la grotte de Han, une des plus belles connues, a été rendu extrêmement facile par des escaliers commodes et un ch. construit sur une sorte de digue. Le visiteur parcourt une succession de couloirs, de galeries et de salles richement décorées de stalactites et de stalagmites. Des appareils de projections électriques, établis dans les principales salles, produisent de merveilleux effets de lumière. La *salle du Dôme* est la plus grandiose. La sortie en barque ménage une admirable surprise par suite de la lumière graduée que l'on observe pendant cette étrange traversée. C'est à ce moment que le coup de canon doit être tiré; le roulement répercuté au loin dans les salles est prodigieux et donne l'impression d'un effondrement complet de la montagne.

L'issue de la grotte est plus rapprochée du village; on revient à Han (10') par un gracieux ch. tracé sur le bord de la Lesse, dans un joli site.

Retour de Han à Rochefort (**5.9** — Côtes : 15' et 10') par le même itinéraire.

Pour mémoire. — De **Rochefort** à **Bouillon**, deux routes :

A. — Par Ocdinne, *V.* les itinéraires des pages 83 et 90.

B. — Par Wavreille (**4.8**), Tellin (**5.2** — Hôt. *Pielle*), carrefour de Transinne (**11**), Maissin (**5.5**), **Paliseul** (**8.5** — 1 400 hab. — Hôt. des *Ardennes*) et Bouillon (**14** — *V.* page 93).

De Rochefort à Wavreille, *V*. page 85. La r., quittant celle de Grupont, tourne à dr. et traverse le village de Wavreille; fortes côtes jusqu'au delà de Tellin. Beaux bois de Transinne, puis longue descente vers la vallée de la *Lesse*. Côte de quinze cents m. pour gagner Maissin. Entre Maissin et Paliseul, une côte de trois kil. et une descente rapide de deux kil.; ensuite ondulé. Après Paliseul, la r. continue très accidentée. Belle descente de trois kil. et demi en arrivant à Bouillon.

De **Rochefort** à **Marche**, *V*., en sens inverse, page 75.

DE ROCHEFORT A GEDINNE

PAR HAN-SUR-LESSE, AVE, WELLIN, LOMPREZ-LES-WELLIN, HAUT-FAYS ET GRIBELLE.

Distance : **33** kil. **100** m. *Côtes :* **1** h. **5** min.
Pavé : **1** min.

Nota. — Jolie route, légèrement accidentée jusqu'à Wellin ; gracieux paysages. Côte de deux kil. après Lomprez-les-Wellin et côte d'un kil. au delà de Gribelle.

Si l'on doit visiter la grotte de Han (*V.* page 81) dans la même journée, s'arranger pour arriver à Han pour l'entrée de la grotte fixée à 1 h. Cette visite demandant environ deux heures et demie avant de pouvoir se remettre en route.

De Rochefort à Wellin, par Saint-Hubert, *V.* les itinéraires des pages 85 et 88.

Notre itinéraire de Rochefort à Bouillon, par Gedinne et Membre (*V.* page 90), a pour but de faire rejoindre la vallée de la Semoy à partir de l'endroit où elle a été abandonnée précédemment, si l'on a déjà fait l'excursion de Lavaldieu à Membre (*V.* page 21); il permet également de voir les jolies localités de Vresse et d'Alle, situées entre Membre et Bouillon.

Le cycliste pressé, qui préfère se rendre directement de Rochefort à Bouillon, doit passer par Wavreille (4.8 — *V.* page 85), Tellin (5.2), les Baraques de Transinne (11), Maissin (6.1), Paliseul (7.9. — Hôt. des *Ardennes*) et Bouillon (14).

La rue, à dr. de l'hôtel *Biron* (Pavé : 3'), dépasse une place plantée d'arbres et ornée d'un kiosque à musique ; puis la r. descend et vient en bordure de la *Lomme*, au pied d'un promontoire boisé. On suit un vallon, resserré entre les bois de *Woermont* et ceux de *Noulaity*, avant d'arriver au *trou du rond Tienne*, site solitaire d'un caractère assez sauvage; ensuite, ayant franchi une sorte de petit col, on descend vers Han-sur-Lesse (**5.9**).

A Han, s'arrêter soit à l'hôtel des *Voyageurs*, soit à l'hôtel de *Bellevue*, pour y laisser sa machine en garde, si l'on doit visiter la *grotte de Han* (*V.* page 81).

La r., légèrement montante, tourne brusquement à dr. devant l'église, puis, inclinant à g., traverse la *Lesse* (Pavé : 1') pour se diriger vers le joli défilé creusé par le ruisseau de l'*Ave*. A sa sortie, petite côte (5') vers Auffe (**2.1**), dans un entourage de mamelons rocheux.

Après Ave (**2**) on croise, à l'angle d'un débit isolé (**1.5**), la r. de Dinant (28) à Neufchâteau (41) et l'on continue à remonter vis-à-vis, entre ces deux directions, le frais vallon du ruisseau d'*Ave*. Celui-ci se déboise en approchant de la carrière du Fond-des-Veaux (**1.5**) et du plateau de Wellin ; légère rampe (5').

Sur la place du beau village de **Wellin** (**1.2** — Hôt. de l'*Univers*), croise la r. de Grupont (15) à Beauraing (12) et à Givet (22.4); traverser la place et prendre la deuxième r. à dr., à l'angle du café du *Commerce*.

A Lomprez-les-Wellin (**2**), la r., infléchissant à g., s'élève, en rampe d'abord douce, à travers des ondulations de prairies qui finissent par former un vallon où la montée s'accentue (Côtes : 5' et 25'). On traverse ensuite pendant quatre kil. les bois de *Saint-Remacle* : à g. se détache (**6**) le ch. de Gembes (3.5).

La r. ondule (Côtes : 5', 2' et 3') puis sort des bois et parcourt un plateau d'où l'on découvre, à g., un horizon étendu sur une région couverte de forêts. Après le village de Haut-Fays (**4**), descente encore sous bois pendant trois kil., entre deux bordures de sapins. Dépassé la voûte de la *ligne de Dinant à Arlon*, on rejoint à la lisière du bois, au hameau de Gribelle (**3.1**), la r. de Beauraing (17) à Bouillon (26); ici, tourner à g.

Cinq cents m. plus loin (**0.5**), quitter la r. de Bouillon et prendre à dr. celle de Gedinne. On longe de fraîches prairies, puis on gravit (15') un monticule. Au point culminant, près du débit, *A l'An Quarante*, belle vue sur les dépressions de terrain formées par la vallée de la *Houille* et les ruisseaux affluents. Jolie descente vers Gedinne (**3** — Hôt. du *Lion-d'Or*; de la *Poste*), gros village situé à l'embranchement du ch. de Villerzie (7.5).

DE ROCHEFORT A SAINT-HUBERT

PAR WAVREILLE, GRUPONT ET SARLOIS.

Distance : **20** kil. **100** m. *Côtes :* **1** h. **53** min.
Pavé : **11** min.

Nota. — Cette route présente deux longues côtes : la première, de deux kil., au départ de Saint-Hubert ; la seconde, de quatre kil., après Grupont. Descente de six kil. vers Saint-Hubert.

La rue montante (Pavé : 7'), à g. de l'hôtel *Biron*, sert de début à la r. de Saint-Hubert. Longue côte (35') pour atteindre un haut plateau d'où la vue s'étend sur une vaste région d'un caractère mélancolique. On traverse de maigres champs, entrecoupés de landes et dépourvus d'ombrage. Après une dépression de terrain, la r. remonte (5'), dans le voisinage d'une carrière, puis redescend vers la petite plaine de Wavreille, au croisement (**1.8**) du ch. de Forrières (2.5) à Bouillon (42).
Laissant le village de Wavreille sur la droite, l'on continue à monter (6') le long d'un taillis de pins. Descente, ensuite nouvelle côte (7') à travers bois. On descend de nouveau à Grupont (**1.3** — Hôt. du *Chemin-de-Fer*), village situé sur les bords de la *Lomme* et au confluent du ruisseau du *Linçon*.

Dépassé la voûte du ch. de fer on remonte en rampe assez douce, pendant deux kil. et demi, le vallon du Linçon ; puis la montée devient dure pendant quatre kil. (1 h.) Après le hameau de Sarlois (**3.5**), dépendant du village d'Awenne, dont le clocher pointe sur la hauteur, à g., on traverse une belle forêt. A la sortie du bois, près du sommet de la côte, la r. débouche au milieu de landes sauvages sur un des plus hauts plateaux de l'Ardenne, entouré à l'horizon par de sombres forêts; descente modérée. A dr. (3.2), un ch. mène au village d'Arville (1), un peu plus bas dans la plaine.

Au delà d'un remblai, la descente s'accentue; le bourg de Saint-Hubert et ses deux campaniles, encore assez éloignés, apparaissent étagés à flanc de colline, environnés de prairies. Au bas de la descente (2.5), se détache à dr. le ch. de Libin (11) et de Poix (6), bordé de la ligne du tramway qui relie Saint-Hubert à Poix.

Le pavage (10') de la petite ville de Saint-Hubert (2.500 hab.) commence à cet endroit, à la montée de la rue *Saint-Gilles* : celle-ci aboutit sur la *Grande Place*, près de l'hôtel recommandé du *Chemin-de-Fer* (**O. 1**).

Devant soi, se dresse l'imposant portail de l'église tandis qu'on remarque : à g., les vastes bâtiments abbatiaux (transformés en école de bienfaisance de l'Etat), et, à dr., l'Hôtel de Ville qui termine la place.

Saint-Hubert est une localité célèbre de l'Ardenne par son pèlerinage à l'église qui renferme le tombeau et les reliques du patron des chasseurs.

Excursions recommandées au départ de Saint-Hubert. — A Laroche (**50** kil., aller et retour — Côtes : 3 h. 22' — Pavé : 20').

Itinéraire : La r. de Laroche débute par la rue descendante à dr. de l'hôtel du *Chemin-de-Fer* (Pavé : 10'). Elle passe au-dessous des anciens bâtiments abbatiaux, et, plus loin, devant une propriété avec grande serre et pièce d'eau. On s'élève ensuite pendant deux kil. et demi (35'), en remontant un étroit vallon de prairies, avant de pénétrer dans la *forêt de Saint-Hubert*, le plus beau et le plus vaste massif boisé de la Belgique qu'entrecoupent de grands espaces d'une âpre sévérité, recouverts de bruyères et de landes. Le sol, très accidenté, présente de nombreuses côtes et descentes à l'inclinaison modérée. Après deux premières montées (8' et 6'), la r., tracée au cordeau, croise, au débit isolé de la *barrière à Mathieu* (**7.2**), la chaussée de Forrières (16) à Bastogne (26).

Légère rampe (4') pour atteindre les prairies de la ferme de la *Converserie* (**2**). Cinq cents m. après la ferme, à g. de la r., remarquer une croix, dressée sous un berceau de verdure et entourée d'une haie. Suivant la légende, ce lieu fut témoin de la conversion de Saint-Hubert, quand lui apparut le cerf porteur du crucifix entre les deux andouillers.

La r., montante (7'), rentre sous bois puis gagne par une descente assez rapide la *barrière de Champlon* (**2.7** — café de la *Malle-Poste*), carrefour central, à l'altitude indiquée de 490 m., où croisent les r. de Nassogne (13) et de Marche (19) à Bastogne (23 5).

Deux côtes (10' et 3'), vue étendue à dr., sur la plaine montueuse occupée par les villages de Champlon et de Journal, tandis qu'à l'horizon on n'aperçoit que des hauteurs recouvertes de bois. La r. monte (7'), ensuite descend, à la sortie de la forêt, pour traverser un plateau fortement ondulé d'où l'on domine une région qui devient presque montagneuse. On rencontre le village de Vecmont (**6.1**), séparé par deux côtes (6' et 10') de celui de Beausaint (**3.1**), ce dernier suivi d'une courte montée (5').

Une agréable descente, longue de trois kil., au-dessus du magnifique et large ravin de la *Bronze*, précède l'arrivée à la petite ville de Laroche (**3.0** — 1.600 hab. — Hôt, du *Luxembourg*; du *Nord*).

Laroche, situé dans un des sites les plus pittoresques de l'Ardenne belge, où débouchent quantité de vallons, est la principale villégiature de la vallée de l'*Ourthe*. Les ruines du vieux château qui couronnent un monticule schisteux, commandant la ville, sont intéressantes à visiter (s'adresser au gardien M. H. Quirin, café *Rubens* ; rétribution facultative).

Excursions intéressantes au départ de Laroche : à **Houffalize** et à **Marche** (*V.* page 75)

Au **Hérou**, par Ortho (**8.5**) et Nisramont (**3**). La r. de voiture cesse à Nisramont d'où l'on descend à pied par un ch. forestier au site du Hérou, au fond de la vallée de l'*Ourthe*.

DE SAINT-HUBERT A GEDINNE

PAR POIX-SAINT-HUBERT, SMUID, LES BARAQUES-DE-TRANSINNE, NEUPONT, HALMA, WELLIN, LOMPREZ-LES-WELLIN, HAUTS-FAYS ET GRIBELLE.

Distance : **16** kil. *Côtes :* **2** h. **11** min. *Pavé :* **10**min.

Nota. — Route accidentée. De Saint-Hubert à Poix, descente. Après Poix, deux côtes, longues de deux et d'un kil. Superbe descente dans la vallée de la Lesse. Côtes d'un kil. à Halma, de deux kil. au delà de Lomprez-les-Vellin et d'un kil. après Gribelle.

De la *Grande Place,* redescendre par la rue *Saint-Gilles* (Pavé : 10') à l'embranchement (**0.1**) des r. de Grupont et de Poix, et suivre cette dernière à g.

On descend en pente douce la vallée du ruisseau de *Poix* qui se rétrécit en un pittoresque vallon après la halte d'Arville-Hatrival (**3**) ; à g., à mi-colline, la grande ferme *Lejeune* domine une prairie étendue. On dépasse des scieries, à dr., puis la r., rejoignant la superbe gorge boisée ou coule la *Lomme,* fait un coude brusque au hameau de Poix-Saint-Hubert (**3** — Hôtel recommandé de la *Poste*) pour franchir la rivière. De l'autre côté du pont, laissant devant soi la r. de Libin, par laquelle on pourrait se rendre directement à Bouillon (*V.* page 75), tourner à dr. pour continuer par le ch. de Smuid, descendant à dr., vis-à-vis la station.

Ce ch., au pied du talus de la ligne, suit le vallon encaissé de la Lomme et laisse à dr. la scierie *Sainte-Adeline.* Dépassé la voûte du ch. de fer, il s'élève par une longue côte, sous bois (28'), jusqu'au delà du village de Smuid (**3**), situé sur le bord d'un plateau, au croisement du ch. de Libin (5) à Mirwart (5).

Au sommet de la côte, on entre dans les jolis bois de *Transinne*. Descente douce pour franchir un ruisseau dans le voisinage d'une étroite prairie. Après une nouvelle montée (16'), le ch. infléchit à g., sort du bois et descend rejoindre, au hameau des Baraques-de-Transinne (**3.9**), la r. de Libin (4) à Dinant (43).

Tournant à dr., on domine la plaine en entonnoir de Transinne, village dans le fond, à g. Un kil. plus loin, croisement (**1**) de la r. de Rochefort (20) à Bouillon (28), par Paliseul (15.5); continuer devant soi. Petite côte (7') pour traverser un taillis, puis descente douce; à g., se détache (**1.5**) le ch. de Redu (2) et de Daverdisse (6).

La r., sur la crête ondulée (Côte : 7'), découvre à g. un charmant paysage accidenté; ensuite, rentrant sous bois, gagne par une longue et rapide descente les magnifiques fonds de la vallée de la *Lesse*. Au delà d'une grande prairie, on traverse la rivière pour passer au hameau de Neupont (**8**); deux petites montées (1' et 2').

Cinq cents m. plus loin, on laisse devant soi (**0.5**) le ch. de Tellin (6) et l'on continue à monter, à g., en longeant la ligne du tramway de *Grupont à Wellin*. La rampe s'accentue (15') au village d'Halma, où s'éloigne à dr. (**1.5**) la r. de Dinant (30 5), tandis qu'on se maintient à g. dans la direction de Gribelle. Parcours d'un plateau de cultures et arrivée sur la place du village de Wellin (**1.3**).

De Wellin à Gedinne (**18.9** — Côtes : 55'). V. page 84.

DE GEDINNE A BOUILLON

PAR HOUDREMONT, MEMBRE, VRESSE, CHAIRIÈRES, MOUZAIVE, ALLE-SUR-SEMOY, BAN-D'ALLE ET CORBION.

Distance : **43** kil. **300** m. *Côtes :* **2** h. **11** min.
Pavé : **2** min.

Nota. — Route très accidentée. Entre Gedinne et Membre, deux côtes d'un kil. et de douze cents m. De Membre à Vresse, plat ; puis côte de dix-huit cents m. La partie la plus dure du trajet se trouve entre Alle-sur-Semoy et Corbion : côtes de quatre kil. et d'un kil. Trois superbes descentes précèdent Membre, Mouzaive et Bouillon.

Cet itinéraire, ainsi que le suivant, font visiter la partie médiane de la vallée de la Semoy, dont les sites pittoresques sont justement renommés.

Au départ de Gedinne, la r. s'élève en pente douce (Côtes : 2' et 3') et côtoie les larges prairies qu'arrose la *Houille* ; à dr., le village de Louette-Saint-Pierre (2) groupe ses maisons sur un mamelon verdoyant. Du même côté se détache le ch. de Hautes-Rivières (13).

La r., infléchissant à g., décrit une courbe sur une plaine moins intéressante, tandis que la rampe s'accentue (Côtes : 6' et 12').

Au delà d'Houdremont (2.8), on gagne une plaine élevée d'où l'on découvre, au loin, toutes les hauteurs qui environnent la vallée de la *Semoy*. La r. ondule, traverse un taillis, puis un nouveau plateau (Côte : 5') et laisse à g., à l'angle du débit, *A la Bicyclette brisée* (2.8), la r. directe de Vresse (9.2 — *V.* ci-dessous), par Nafraiture (1). Belle descente de deux kil. dans le ravin du ruisseau de *Nafraiture* suivie d'une côte de douze cents m. (14').

On touche presque la frontière franco-belge au bureau de la **douane belge** de Mointerne (**3.5**) où l'on doit exhiber, pour passer librement, soit sa carte de membre du Touring-Club ou de l'Union Vélocipédique de France, soit le plomb belge (*V*. page 23). A dr., vue sur les fonds boisés d'un vallon tributaire de la Semoy; petite montée.

Au carrefour suivant (**0.2**), se détache à dr. la r. de Bohan (3). On parcourt la crête d'un promontoire avancé entre deux boucles de la Semoy; vue superbe. Après une courte côte (3'), commence la magnifique descente, en corniche, longue de trois kil. sept cents m., qui aboutit au pittoresque village de Membre, dans la **vallée de la Semoy** (*V*. page 21).

Dépassé l'église, au bas du village et vis-à-vis le débit, *Au repos des Voyageurs* (**5.2**), on quittera la r. de Charleville, par Pussemange, pour prendre celle de Vresse, à g.

On remonte insensiblement la rive g. de la délicieuse vallée et l'on atteint Vresse (**3.1**), petit village au confluent du joli ravin de Belle-Fontaine. Ici, laissant à dr. la r. de Laforest qui franchit la rivière, tourner à g. pour traverser le village.

Vresse est une des villégiatures fréquentées de la vallée. A l'extrémité de la rue, vis-à-vis la bifurcation du ch. de Petit-Fays et d'Alle (*V*. ci-dessous), se trouve l'hôtel recommandé *Grandjean* (pension, 4 fr. 50 par jour, tout compris), où l'on pourra s'arrêter pour déjeuner.

Au delà de l'église, dépassant l'hôtel *Grandjean*, on laisse à g. le ch. de Petit-Fays (5) et d'Orchimont (3) pour gravir à dr. la r. d'Alle qui s'écarte de la Semoy.

Cette r. franchit le ruisseau de *Belle-Fontaine* et s'élève par une longue côte, en lacets, de dix-huit cents m., sur les flancs boisés du vallon (25'); à dr., sentier de raccourci pour les piétons, le long de la ligne télégraphique; à g., ch. de Petit-Fays (1.4). On atteint un col (**2.1**) où vient rejoindre, à g., le ch. d'Oisy (6), puis la r. descend vers les prairies des Chairières.

Après le village des Chairières (1.1 — Montée : 1'), la belle descente continue et ramène dans la vallée de la Semoy. Au bas, on traverse le ruisseau de *Gros-Fays*, vis-à-vis le modeste village de Mouzaive (1.9), dont l'église se trouve sur la rive opposée ; à g., se détachent successivement le ch. de Cornimont (2) et, un peu plus loin (0.2), celui de Rochehaut (3.5).

Nota: — Du village de **Rochehaut**, situé sur le rebord du plateau, on jouit d'un des panoramas les plus renommés de la région. C'est la promenade favorite des touristes qui séjournent à Alle (*V.* ci-dessous).

Ayant traversé la rivière, après une légère montée, on arrive au village d'Alle, le plus important séjour d'été de la vallée. Cent m. après avoir dépassé une dépendance de l'hôtel, à g., on trouve à dr. l'excellent et confortable hôtel *Hoffmann* (0.6).

Nota. — Entre Alle et Bouillon, il existe trois r. : 1° par Rochehaut (4), Mogimont (6), le carrefour de la route de Paliseul (2) et Bouillon (8) ; 2° par Rochehaut (5), Poupehan (4.5 — Hôt. de la *Semoy*), Corbion (4.5) et Bouillon (7.5) ; 3° par Ban-d'Alle. Corbion et Bouillon.

La première de ces r. sera choisie de préférence par les chauffeurs. Les cyclistes, amateurs de beaux paysages et ne craignant pas les côtes, auront le choix entre les deux autres itinéraires. Celui par Rochehaut et Poupehan offre d'admirables points de vue, et est recommandé comme un des plus jolis aux environs d'Alle ; il présente une forte côte jusqu'à Rochehaut, descend ensuite à Poupehan, où l'on traverse la Semoy, puis continue à plat jusqu'à l'embranchement de la Grande-Chambrette. De ce point à Corbion, côte très dure.

Nous décrirons l'itinéraire par Ban-d'Alle comme étant le plus direct.

La r. de Bouillon, aussi celle de Sedan, s'élève pendant environ quatre kil. (55'). Elle laisse à dr. l'ancien ch., bordé du télégraphe, et gravit un plateau fortement incliné. Au delà d'une ardoisière, à g., elle dessine de grands lacets en découvrant de beaux points de vue.

On pénètre dans la forêt, qui tapisse les hauts escarpements de la vallée, puis, après avoir croisé (3.1) l'ancien ch., faisant un coude brusque à g., on parvient sur une sorte d'arête de la montagne regardant à dr. le versant français. Ici, la côte cesse et, rejoint par l'ancien ch., on gagne presque à plat le carrefour de *Ban-d'Alle* (2.9) où se trouvent deux maisons : un débit et un bureau de la douane belge.

Laissant devant soi la direction de Sedan (13 — la frontière française est à un kil.) et, à dr., le ch. de Sugny (6), on prendra à g. le ch. de Corbion. Descente rapide dans le ravin du *Moulin-Joli*. Au bas de la pente, on traverse le ruisseau à la rencontre (2) du ch. qui vient de Poupehan (V. ci-dessus), à g., et l'on gravit, vis-à-vis, la côte très dure (35') menant à Corbion.

Dans ce village escarpé (1.1), tourner à dr. et se diriger vers le clocher. Dépassé l'hôtel du *Lion-d'Or*, on tourne à g. de l'église pour gagner l'école communale, située au point culminant (alt. : 383 m.) ; beau coup d'œil en arrière sur les plans en perspective des promontoires de la vallée de la Semoy. La r., continuant à g., le long de la ligne télégraphique, décrit une courbe entre deux remblais. Au débouché, changement de décor : magnifique panorama sur un ensemble de croupes boisées, de crêtes et de montagnes au pied desquelles on devine les replis tortueux de la rivière.

Descente alpestre de six kil., dont quinze cents m. environ en palier, puis réapparition soudaine du cours, profondément encaissé, de la Semoy ; tandis que devant soi les murailles de la vieille forteresse féodale de Bouillon se dressent et se confondent avec le roc abrupt au fond du paysage.

Un tunnel a été taillé au-dessous du château pour le passage de la r. (Pavé : 1'). De l'autre côté de la galerie (7), on se trouve à l'entrée de la petite ville de Bouillon (2.500 hab.) et de nouveau devant la Semoy. Laissant à dr. l'ancienne r. de Corbion (7) et celle de Sedan (17.5), suivre le quai, à g., jusqu'au vieux pont ; traverser ici la rivière. A l'extrémité du pont (Pavé : 1'), s'arrêter à l'hôtel recommandé de la *Poste* (0.5), situé à dr. sur la place.

Visite de la ville de Bouillon (environ 1 h 1/4). — Bouillon est intéressant par son site et son château. On monte au château en suivant la rue vis-à-vis le pont et la place. Puis, par des escaliers, à g. de l'hôtel des *Ardennes*, on gagne la place de l'église ensuite l'esplanade et l'entrée du Château (très curieux ; pourboire, 50 c.).

A l'hôtel de la *Poste*, on montre la chambre (n° 1) où Napoléon III, prisonnier de guerre, passa la nuit du 3 au 4 septembre 1870.

Pour mémoire. — De **Bouillon** à **Sedan** (France), par La Chapelle (**10.2** — douane française), Givonne (**3**) et Sedan (4 — *V*. page 138).

De Bouillon à l'embranchement de la r. de Sedan, au débit du *Repos des Voyageurs*, *V*. page 95. La r. de Sedan, à dr., monte durement jusqu'à la frontière franco-belge, située à quinze cents m. du « Repos des Voyageurs » ; ensuite longue et rapide descente, sauf une montée de cinq cents m. à Givonne.

De Givonne, on peut se rendre à Bazeilles, par Daigny, puis gagner Sedan par Balan. Ce détour, qui allonge de quatre kil., permet de visiter le champ de bataille de Bazeilles (*V*. page 137).

De **Bouillon** à **Marche**, *V*., en sens inverse, page 75.

DE BOUILLON A FLORENVILLE

PAR LES AMEROIS, SAINTE-CÉCILE ET CHASSEPIERRE.

Distance : **25** kil. **200** m. *Côtes :* **1** h. **23** min.

Nota. — Cette route, qui s'éloigne de la Semoy et traverse une vaste étendue de forêts, présente au début une rampe de neuf kil. ; son inclinaison modérée permet de la gravir en grande partie en machine. Ensuite quelques ondulations sans importance partagent une descente douce, presque continuelle, à l'exception de deux côtes : la première de huit cents m., après Les Amerois, la seconde d'un kil, en vue du village de Chassepierre.

De Bouillon à Sainte-Cécile, il existe un autre itinéraire, très intéressant, qui serre de plus près la vallée de la Semoy ; malheureusement ses nombreuses et dures côtes le rendent assez pénible. Il passe par Noirefontaine (4), l'embranchement du chemin de Dohan (3.5), Dohan (2.5 — Joli site — Hôt. de la *Semoy*), retour à l'embranchement du chemin des Hayons (2.5), Les Hayons (1), Auby (3.5 — Panorama étendu — Hôt. de la *Grotte*), Cugnon (5), Mortehan (1), Herbeumont (4.5 — Centre d'excursions et lieu de villégiature — Ruines d'un château — Hôt. des *Ardennes*) et Sainte-Cécile (7.5).

Quittant l'hôtel de la *Poste*, traverser le pont, à g. (Pavé : 1'), et suivre le quai, à g. Parvenu à hauteur du tunnel (**0.5**) de la r. de Corbion, continuer devant soi par la r. de Sedan.

Celle-ci, sur la rive g. de la vallée (Côte : 5'), dépasse successivement : à *g.*, une scierie, puis le luxueux chalet de la *villa Helvetia* ; ensuite, au bas d'une descente, un vieux moulin, à dr. ; côte (2'). On s'écarte peu à peu de la Semoy et par une rampe modérée, mais fort longue, dont une partie pourra se faire à pied (42'), on remonte le vallon latéral du ruisseau de *Mambes*.

Au premier embranchement, près du débit, *Au repos des Voyageurs* (3), la r. de Sedan (13) s'éloigne à dr. Continuer à g. pour gagner le carrefour des *Quatre-Chemins* (6.3), où croise le ch. de Dohan (5) à Grand-Hez. Ici se trouve, vis-à-vis deux cabarets, un poste de **douane belge**, où il faut exhiber, pour passer librement, soit sa carte de membre du Touring-Club ou de l'Union Vélocipédique de France, soit le plomb belge (V. page 23).

La rampe cesse cent m. plus loin; descente douce. A dr., s'ouvre la grille du *domaine des Amerois*, propriété de M. le comte de *Flandre* (0.7).

Le parc des Amerois est accessible aux touristes. De l'autre côté de la grille, l'avenue conduit au château où l'on doit demander l'autorisation de circuler. Pour la visite intérieure des appartements (modernes, pseudo Renaissance), il faut une autorisation spéciale. Derrière l'esplanade, près de la maison du gardien-chef, vue splendide dans la direction du territoire français.

La r., qui s'élève de nouveau (10') à travers les épaisses forêts de Bouillon et de Muno, laisse à dr. (0.9) le ch. de Muno (4); puis, atteignant le point culminant du parcours, elle se déploie en ligne droite, descendant en pente douce.

Successivement, on dépasse à g. le ch. (2.2) de Mortehan et, à l'issue de la forêt (3.5), celui d'Herbeumont (7.5) à Muno (4.5).

Le paysage change complètement d'aspect, la région se découvre. A g., le village de Sainte-Cécile (1) apparait sur une plaine inclinée de cultures. Montée d'un kil. (15') dans le voisinage de trois petits mamelons boisés, limitant à dr. des pâturages ondulés; tandis qu'à g. on domine les méandres de la Semoy, à présent paisible rivièrette, qui arrose, entre des collines basses, des prés parsemés de peupliers.

La r. s'élève au-dessus du ravin de Chassepierre, village situé en contre-bas (3); puis, décrivant une courbe sur le plateau, vient rejoindre (0.5) le ch. de Sedan (26.5). Après une côte (9') et quelques ondulations sur une plaine monotone, coupée (1.5) par le ch.

de Carignan (13.5) à Laicho (1.5), on atteint l'entrée de la bourgade de Florenville (**2.1** — 1.900 hab.) à la jonction de la r. de Carignan (11).

La rue conduit à la *Grande Place* en passant devant les hôtels de la *Poste* et du *Commerce*.

Nota. — Derrière l'église de Florenville, on découvre un vaste panorama sur la vallée-plaine de la Semoy; beau point de vue.

Excursion recommandée au départ de Florenville. — Descente en barque du cours pittoresque de la Lesse, entre Chiny et Lacuisine (**0** kil. par la r.).

Itinéraire : Sur la *Grande Place* de Florenville, prendre à g. la r. de Neufchâteau. Celle-ci descend dans la vallée, laisse la gare à dr. et passe sous la voie ferrée. En vue du pont de Lacuisine (**2**), ne pas traverser le pont, mais gravir à dr. le plateau (20') qui sépare de Chiny (**4**).

On trouve à Chiny bateaux et bateliers pour se faire conduire jusqu'à Lacuisine ; ravissante navigation (prix : 5 fr. pour une personne seule ; 2 fr. si l'on est plusieurs — durée du trajet 2 h.).

De Lacuisine, revenir par la r. à Florenville (**3**).

DE FLORENVILLE A ARLON

PAR ORVAL, LIMES, GÉROUVILLE, MEIX-DEVANT-VIRTON, HOUDRIGNY, VIRTON, BELMONT, ETHE, SAINT-LÉGER ET CHATILLON.

Distance : **33** kil. **100** m. *Côtes :* **1** h. **30** min.
Pavé : **15** min.

Nota. — La route directe de Florenville à Arlon passe par Jamoigne (7 — Hôt. du *Lion-d'Or*), Tintigny (7), Etalle (6 — Hôt. du *Commerce*) et Arlon (19). Modérément ondulée, elle remonte la dernière partie supérieure de la vallée de la Semoy, à présent très large, tandis que la rivière, qui diminue en se rapprochant de sa source, au pied du monticule d'Arlon, finit par ne plus être qu'un mince filet d'eau serpentant dans les prairies.

Notre itinéraire par Virton, plus intéressant, permet de visiter les curieuses ruines de l'abbaye d'Orval et sera choisi de préférence.

De Florenville à Orval, descente douce ; ensuite à peu près plat. Côte de douze cents m. à Gérouville, suivie d'une belle descente de trois kil. vers Meix-devant-Virton. Montée de cinq cents m. à Virton. De Virton à Arlon, assez accidenté, série de montées et de descentes. Côte d'un kil. à la sortie de Châtillon.

Sur la *Grande Place* de Florenville, après avoir dépassé l'hôtel du *Commerce*, laissant à g. les r. de Neufchâteau (23) et d'Arlon (39), on prendra à dr. la r. de Virton, par Orval. Celle-ci descend doucement une grande plaine bien cultivée, ensuite pénètre dans la forêt d'Orval. Au coude (**3**), croisée du ch. d'Izel (3) à Carignan (15) ; quelques ondulations (Côte : 2'), puis continuation de l'agréable descente sous bois, en longeant le superbe ravin des *Orvaux*, jusqu'au domaine d'Orval (**5.2**). Le hameau est situé à l'intersection du ch. de Marbehan (2) à Marcut (9.5), et au point de rencontre des ruisseaux de *Villiers*, des *Orvaux* et de la *Marche*, dans un délicieux vallon.

A l'angle droit de la r., se trouve l'excellent petit hôtel de l'*Abbaye d'Orval* où sont délivrées les cartes pour la visite des ruines (entrée, 1 fr. et pourboire au guide, 50 c. — Durée de la visite, environ 1 h. 1 4) et où l'on pourra également commander son déjeuner (excellentes truites) au retour de l'abbaye.

L'entrée des ruines de l'**abbaye d'Orval**, est à cinq cents m. de distance de l'hôtel, sur la r. de Marbehan, à g.; on peut s'y rendre en machine (1 kil., aller et retour — terrain plat), en cotoyant un beau lac.

Dans la visite des ruines, ne pas négliger de monter à la terrasse de la chapelle de Montaigu. De ce point, on a une vue remarquable sur l'ensemble des ruines émergeant d'un océan de verdure.

La r. de Virton atteint l'extrémité Sud-Est des Ardennes belges. Elle passe entre le lac d'Orval, devant le château, et une prairie; petite côte de deux cents m. (2'). On longe à dr. l'étang du *Moulin-Neuf*, formé par une retenue de la rivière, puis on remonte insensiblement le frais vallon de la *Marche*, au milieu d'un ravissant paysage.

La r., véritable allée de parc, contourne capricieusement la lisière de la forêt de *Merlanceaux*, à g., tandis que les méandres de la Marche délimitent la frontière franco-belge sur une distance de quatre kil.

Au tournant, Fagny, village français sur la rive g., fait face à Limes, localité belge sur la rive dr. Quelques m. plus loin (**1.8**), croisement du ch. de Lasoye (2.5) à Fagny (0.5). On franchit la Marche, dont le cours s'écarte à g.; la r. fait un coude et l'on voit apparaître le clocher de Gérouville (**2**). Forte côte (20') pour atteindre ce village, situé sur le bord d'un des fertiles et riants plateaux qui séparent le bassin de la *Semoy* et celui du *Chiers*. Après quelques ondulations et une montée (4'), d'où se détache (**1**) à g. un ch. vers Jamoigne (9.5), on arrive au début d'une descente de trois kil. qui conduit à Meix-devant-Virton (**1**), dans la vallée de la *Thonne*.

A l'extrémité du bourg, après une bande pavée, continuer tout droit pour dépasser la station, des scieries et une brasserie, à g.; descente insensible et traversée du passage à niveau de Villers-la-Loue.

Au delà d'Houdrigny (**3.5**), où aboutit le ch. de Sommethonne (4), on passe deux fois sous la ligne du ch. de fer, en laissant à dr. (9) le village de Dampicourt et la r. de Montmédy (12), dans la direction de la Thonne.

La r. décrit un grand cercle et entre dans la vallée de la *Basse-Vire*. On néglige à g. (1.5) un premier ch., montant à Virton (1.5), pour rejoindre par une petite rampe (2') l'avenue *Bouvier* (0.5) qui conduit de la gare à Virton. Ici, quitter la r. de Pétange (29 — *V*. page 130), par Aubange (22), et gravir (8') l'avenue à g. Celle-ci, pavée dans le milieu, est bordée de deux étroits bas-côtés ; à g., grand bâtiment en briques du collège Saint-Joseph.

Dans la ville, à la place de l'*Eglise*, descendre à dr. la rue de l'*Hôtel-de-Ville* (Pavé : 4'), en passant entre l'église, à g., et l'Hôtel de Ville, à dr. Parvenu sur la place *Verte*, vis-à-vis une petite plate-forme plantée de quatre tilleuls, tourner à g. Au bas de la rue, garnie d'un parapet, est situé à dr., l'hôtel du *Cheval-Blanc* (1.9) où l'on pourra s'arrêter si l'on fait étape à Virton (Ch.-l. d'arr. — 3.000 hab.).

Dépasse l'hôtel, la r. d'Arlon, à l'extrémité de la rue (Pavé : 3'), remonte (Côtes : 3', 3' et 2') la large vallée du *Ton*, au début trop dépourvue d'ombrage. Après Bolmont (3), deux côtes (3' et 2') mènent au village plus important de Ethe (1.5) dont l'église, à flèche élancée, se voit de loin ; à dr., ch. de Ruette (5.5).

La r. s'élève à g. (5'), passe entre les deux stations de Ethe (0.3) et franchit un ruisseau affluent du Ton. La vallée se rétrécit en un vallon boisé, moins banal, tandis que se détache à dr. (2.3) le ch. de Bleid (2). Au delà du considérable village de Saint-Léger (1.4 — Hôt. *Clément*), quatre montées (3', 6', 3', 3') ; ensuite traversée des *bois de Saint-Léger* pour gagner Châtillon (3.5 — Aub. *Charpentier*).

A la sortie de Châtillon, une des plus longues côtes du parcours (15') conduit, à la lisière d'un bois, au croisement (1) du ch. de Meix-le-Tige (2) à Vance (6) ; petit point de vue.

La r. s'éloigne momentanément des champs fertiles et retrouve, avec un sol sablonneux, l'ingrate lande ardennaise. Après l'arrêt d'Udange (2), on roule entre de maigres bois pendant deux kil. et demi (Côtes : 8' et 3'). A l'issue des taillis, laissant une briqueterie à g., on distingue dans le lointain, à dr., la fumée des hauts fourneaux d'Athus, situés sur la frontière du Luxembourg belge, du Grand-Duché et de la France.

La chaussée, bordée de platanes, s'élève à deux reprises (3' et 5'), tandis que le paysage se découvre à g., dans la direction de la vallée de la *Semoy*. Au tournant, agréable descente; la ville d'Arlon apparait à dr., étagée sur une colline.

Au bas de la descente, négligeant les r. à dr., sur lesquelles on serait tenté de s'engager, continuer devant soi et gravir la côte (5') qui mène au début du pavage d'Arlon (Ch.-l. de la province du Luxembourg belge — 7.000 hab.).

Dans la ville, suivre la rue de *Virton* (Pavé : 8'); puis, inclinant à dr., la rue de l'*Hôtel-de-Ville*. Celle-ci vient croiser la rue des *Faubourgs* qu'on prendra à dr. pour venir s'arrêter quelques m. plus loin à l'hôtel du *Nord*, situé au nº 2 (8).

Visite de la ville d'Arlon (environ 1 h.). — Vis-à-vis l'hôtel du *Nord*, monter la rue du *Marché-aux-Légumes* ; son prolongement, la rue des *Capucins*, conduit au pied de la rampe, avec *chemin de croix*, qui précède la petite terrasse de l'église Saint-Donat, au point culminant de la ville.

Au bas de la rampe, la rue de l'*Hôpital*, à g., mène, à quelques m., de là, devant l'escalier de l'Hôpital Militaire. De la terrasse de cet établissement, très belle vue (permission facilement accordée par la direction).

A la sortie de l'Hôpital, tourner à dr., puis de suite à g. dans la rue des *Carmes*. Celle-ci descend à la *Grande Rue* qu'on suivra à dr. jusqu'à l'angle de l'église Saint-Martin. Ici, tournant à g., on arrivera au square du Palais de Justice qui orne la place *Léopold* où s'élèvent le Palais de Justice et le Palais du Gouvernement. La rue, à dr. du Palais de Justice, ramène à l'hôtel du *Nord*.

Pour mémoire. — D'Arlon à Givet (France), *V.*, en sens inverse, page 31.

D'Arlon à **Dinant**, *V.*, en sens inverse, page 37.

D'Arlon à **Liège**, *V.*, en sens inverse, page 55.

D'Arlon à **Spa**, *V.*, en sens inverse, page 64.

D'ARLON A LUXEMBOURG

PAR STEINFORT, CAPELLEN, MAMER ET STRASSEN.

Distance : **25** kil. **100** m.
Côtes : **38** min. *Pavé :* **28** min.

Nota. — Bonne route présentant quelques légères ondulations et deux côtes assez dures : l'une, de sept cent m., à Steinfort, et l'autre, d'un kil., après Mamer. Pays de plaines.

A la sortie de l'hôtel du *Nord*, tournant à dr (Pavé : 11'), quelques m. plus loin, traverser la place *Léopold*, en biais et à dr., pour suivre ensuite la rue du *Gouvernement*, en contre-bas du square, jusqu'à la rue du *Luxembourg*. Celle-ci, la deuxième à dr., passe devant l'établissement des Jésuites, où cesse le pavage.

La r. croise (**1.2**) le ch. de Messancy (9.5) et de Longwy (18) et laisse à g. le *Jardin Wältzing*. Descente douce à travers une plaine mollement ondulée. Montée de deux cents m., puis descente plus accentuée au hameau de Barny (**3.3**), où se trouve le bureau de la **douane belge** (V. page 22).

Après une nouvelle montée de trois cents m., on franchit la frontière (**3**), à la bifurcation du ch. de la station de Sterpenich (2.5). Presque immédiatement, il faut s'arrêter au bureau de la **douane Luxembourgeoise**, située à g. de la r., pour faire sa déclaration d'entrée ; passage libre pour qui peut justifier de la qualité de touriste, ou de sociétaire soit du Touring-Club, soit de l'Union Vélocipédique de France.

Cinq cents m. plus loin, à Steinfort (**0.5** — Pavé : 6'), premier village grand-ducal, on traverse la *ligne de Bettingen à Ettelbrück* et le ruisseau de l'*Eisch* ; côte dure (9').

La r. continue à onduler sur une plaine fertile parsemée de bois ; à dr., village de Hagen. Montée de deux cents m., ensuite croisement (**3.0**) du ch. de Dippach (8) à Koerich (2.5). Les belles plaques indicatrices du Grand-Duché remplacent ici avantageusement les poteaux délabrés de la Belgique.

Après Capellen (**2.3** — Ch.-l. de c. — Pavé : 3' — bas côtés), légère descente suivie d'ondulations (Côtes : 3', 2' et 4') et, au delà du village de Mamer (**3.0**), côte d'un kil. (15') pour gagner le sommet du plateau, à l'embranchement (**1.5**) du ch. de Bertrange (1), à dr. On domine une vaste étendue de pays plat, liseré de bois à l'horizon. Traversée du long village de Strassen (**2** — Pavé : 5' — bas-côtés), ensuite rampe douce ; à dr., dans le lointain, s'arrondit le sommet du *Zolverknapf*. Descente vers Luxembourg (Capitale du Grand-Duché — 18.000 hab.), qui, de ce côté, semble apparaître dans un fond entouré de plaines ; courte montée (5').

A l'entrée de la ville, l'avenue de l'*Arsenal* traverse le Parc public et coupe successivement les deux boulevards du *Prince* et *Royal*. Plus loin, après le croisement de la rue *Aldringer* (Pavé : 3'), on rencontre, à hauteur de la rue transversale suivante, la voie du tramway allant de la gare du ch. de fer à la Porte-Neuve. Ici, laissant devant soi la *Grande Rue*, tourner à g. dans la rue *Porte-Neuve* pour arriver à l'hôtel recommandé de *Cologne*, situé à g. au n° 10 (**1.1** — *Grand-Café*, place d'*Armes*).

Visite de la ville de Luxembourg (environ 5 h.). — Le prolongement de la rue de l'*Arsenal*, la *Grande Rue*, conduit à la rue du *Palais-de-Justice*. Après avoir jeté un coup d'œil sur ce monument, revenir sur ses pas à la Grande Rue et suivre à g. l'étroite rue *Genistre*. Parvenu sur la place d'*Armes*, plantée d'arbres, avec kiosque de musique, tourner à g. et prendre encore à g. la rue du *Curé*. Presqu'aussitôt s'ouvre à dr. un passage couvert qui communique avec la place *Guillaume*, au centre de laquelle s'élève la statue équestre du roi *Guillaume II* des Pays-Bas. Vis-à-vis le passage, l'Hôtel de Ville renferme le Musée *Pescatore* (public, tous les jours, de 8 h. 1/2 à midi et de 2 h à 5 h.).

A la sortie du musée, se diriger vers la statue et suivre à dr. la rue de la *Reine* conduisant à la rue transversale du *Gouvernement*, devant le palais du Grand-Duc, celui-ci contigu à la Chambre des Députés. Ici, tourner à dr., puis à g., à l'angle de la Chambre, pour gagner, par la rue de l'*Eau*. la rue *Saint-Michel* qui longe l'église de ce nom et aboutit au pont du *Château*. Ce pont relie la ville au plateau d'Altmunster, énorme rocher, promontoire escarpé, incliné vers le faubourg de *Clausen* à l'Est, d'où l'on domine, à dr., le faubourg de *Grund*, et, à g., celui de *Pfaffenthal*, dans la profonde dépression de terrain du vallon de l'*Alzette*. Traverser le pont et s'avancer jusqu'à hauteur de la tour carrée en ruine. Point de vue admirable du site étonnant formé par l'ensemble de la ville et des faubourgs, des vieux donjons, des colossales fortifications démantelées et des gigantesques viaducs qui traversent cet extraordinaire paysage, unique à Luxembourg. A dr. de la chaussée, deux assises de roches marquent l'emplacement du château du *Boucq* ou du *Bock*, berceau des anciens Comtes et Ducs de Luxembourg. L'intérieur du rocher du Boucq, entièrement creux, présente trois étages de casemates (on peut les visiter en s'adressant au bureau de l'Enregistrement, avenue de Monterey, n° 3, de 9 h. à 10 h. du matin ou au garde des Domaines de l'Etat, rue Grunewald, n° 9, faubourg de Pfaffenthal).

Revenir sur ses pas et, ayant retraversé le pont du Château, suivre à g. le ch. de la *Corniche*, en longeant le parapet des anciens remparts. A son extrémité, ce ch., faisant un coude brusque à dr., monte et passe entre les deux casernes du Saint-Esprit (habitation de l'Armée luxembourgeoise, forte de cinq cents hommes). Ici, prendre à dr. la rue du *Saint-Esprit* et, parvenu à un carrefour de rues, tourner à g., ensuite presque aussitôt à dr. dans la rue de *Clairefontaine* qui rejoint la rue *Notre-Dame*.

Dans la rue Notre-Dame, à g., on passe devant l'Hôtel du Gouvernement, la Cathédrale et l'Athenæum, trois monuments qui se touchent. Suivant la direction de la voie du tramway, tourner à g. dans la rue de l'*Athénée* aboutissant au boulevard du *Viaduc*, vis-à-vis la promenade de la place de la *Constitution*; magnifique vue. Descendre à g. le boulevard et traverser le grandiose *Viaduc* construit sur le vallon de la *Pétrusse*.

De l'autre côté du viaduc, laissant devant soi la large avenue de la *Gare*, qui conduit à la station du ch. de fer du *Prince Henri* (tramway de la gare à la ville, 20 c. par pers.), on descendra à dr. le sentier menant à une r. qui passe à dr, sous le viaduc. Quelques m. plus loin, un autre sentier se détache à g. et conduit à la curieuse petite chapelle de *Saint-Quirin*, taillée dans le roc (gardien -

dans la maison voisine). A la sortie de la chapelle, descendre au ch. qu'on voit plus bas, en passant à côté d'une fontaine, abritée sous un amas de rochers, surmonté d'un crucifix en pierre.

Le ch., à dr., traverse deux fois sur des passerelles l'odorant ruisseau de la Pétrusse puis, une troisième fois, sur un pont en pierre à g.; continuer par la rue de *Thionville*, vis-à-vis. A l'extrémité de cette rue, bifurcation de trois voies; gravir celle du milieu, la *Montée du Grund* qui domine le faubourg de ce nom.

On passe au-dessous du ch. de la *Corniche* (*V.* ci-dessus), puis sous le pont du *Château*, à cinq arches superposées sur une seule. Poursuivant la r. à g., on atteindra, à l'entrée du faubourg de Pfaffenthal, le pied de la rampe qui remonte en ville.

Ici, gravir le sentier avec degrés en pierres, qui se détache à dr. de cette rampe. Il aboutit, dans le haut, après trois lacets et avoir coupé une r., à la place du *Théâtre*.

Durant cette montée, remarquer sur la colline opposée les trois glands dorés qui couronnent les tours du fortin du *Thüngen*. Celui-ci est situé au sommet d'une ravissante promenade, d'où l'on découvre une vue admirable sur la ville; on y accède par le faubourg de Pfaffenthal.

Traversant la place du Théâtre, on longe à dr. l'église Saint-Alphonse, et, par la rue des *Capucins*, à dr., on gagnera la rue transversale des *Bains*. Vis-à-vis, l'avenue *Pescatore* conduit à la *Fondation J.-B. Pescatore*, maison de retraite pour les vieillards. La terrasse, à dr. de cet édifice, offre une vue splendide sur la vallée de l'Alzette.

A la sortie de la fondation Pescatore, suivre à dr. les allées sinueuses du *Parc public*, ravissante promenade qui enveloppe la ville du côté Ouest. Successivement, on coupe les avenues de la *Porte-Neuve* (à g., direction de l'hôtel de *Cologne*), de l'*Arsenal* (r. d'Arlon) et de *Monterey* (r. de Longwy).

Entre ces deux dernières avenues se trouve située la *Villa Louvigny* (café-restaurant), construite dans un ancien blockhaus, au-dessus de l'une des entrées des fameuses *casemates de Luxembourg*. Ces casemates étendent leurs ramifications sous toute la ville, et même au delà, sur une longueur de plusieurs kilomètres; on peut les visiter en partie.

A l'extrémité des promenades, on arrive à l'avenue *Marie-Thérèse*, qui domine le vallon de la *Pétrusse*, au Sud de la ville. Inclinant à g., on rejoint le boulevard du *Viaduc*, d'où se détache la rue *Philippe*, la quatrième à g., qui ramènera directement à l'hôtel de *Cologne*, dans la rue *Porte-Neuve*.

Pour mémoire. — De Luxembourg à Remich, par Sandweiler (**7**), Mutfurt (**4**), Ersingen (**2**), Bous (**5**) et Remich (**3** — *V.* page 109).

Route directe de Luxembourg à Remich, assez accidentée. On sort de Luxembourg par la *Grande Rue* et son prolongement, vers la droite, la rue du *Marché-aux-Herbes*. Dans celle-ci, prendre à g. la rue de la *Boucherie* qui conduit à la place du *Marché-aux-Poissons*. Au bas de cette place, descendre à dr. la rue très rapide de *Breitenweg* et, arrivé au pied de la pente, dans le faubourg du *Grund*, tourner à g. dans la rue du *Pont*. Ayant traversé l'*Alzette*, de l'autre côté du pont, suivre à g. la rue de la *Porte de Trèves*, qui, quelques m. plus loin, laisse à g. la rue de *Munster*, pour gravir à dr. la rampe escarpée du début de la r. de Sandweiler.

De **Luxembourg** à **Grevenmacher**, par Neudorf (**2**). Niederanven (**8**), Roodt (**6**) et Grevenmacher (**11** — *V*. page 110).

Route directe de Luxembourg à Grevenmacher, très accidentée. On quitte Luxembourg comme ci-dessus jusqu'à la place du *Marché-aux-Poissons*. Au bas de cette place, continuer par la rue *Saint-Michel*. Ayant franchi le *pont du Château*, se diriger vers le faubourg de *Clausen* par la rue d'*Altmunster*.

Au fond de Clausen, après le pont sur l'*Alzette*, suivre à g. la r. de Neudorf. Elle passe sous la voûte d'un grand bâtiment et continue par la rue du *Parc-Mansfield* où cesse le pavage

Pour mémoire. — De **Luxembourg** à **Spa** (Belgique), V., en sens inverse, page 63.

DE LUXEMBOURG A WASSERBILLIG

PAR HESPÉRANGE, ALZANGE, FRISANGE, ASPELT, ALTWIES, MONDORF (village), MONDORF-LES-BAINS REMICH, STADBREDIMUS, EHNEN, WORMELDANGE, AHN, MACHTUM, GREVENMACHER ET MERTERT.

Distance : **36** kil. **600** m. *Côtes :* **57** min.
Pavé : **13** min.

Nota. — Cette route, très accidentée entre Luxembourg et Remich, devient tout à fait plate depuis Remich jusqu'à Wasserbillig, en longeant la Moselle.

A la sortie de l'hôtel de *Cologne*, tournant à dr., on traversera la *Grande Rue* (Pavé : 19') pour continuer par la rue *Philippe* qui aboutit sur le boulevard du *Viaduc*. Suivre ce boulevard à g. et, ayant franchi le *viaduc*, se rendre par l'avenue de la *Gare* à la place de la Gare. De l'autre côté de la place, la r. longe la voie du chemin de fer secondaire de *Luxembourg à Remich*. Celle-ci infléchit à g. et passe sous la voûte de la grande *ligne de Luxembourg à Longwy*; légère rampe de quinze cents m. sur une plaine dénudée; à g., tribunes du *Champ de courses*. Au sommet de la montée, on arrive au-dessus de la vallée de l'*Alzette*; descente rapide vers Hespérange (**5.3** — Pavé : 5'), village au pied de belles ruines.

Ayant franchi l'Alzette, longeant toujours la ligne, on dépasse Alzange (**1** — Pavé : 1'). La r., tracée à travers une plaine fertile, parsemée de bois, ondule fortement. Une première côte (7') conduit à l'embranchement (**1.3**) du ch. d'Hassel (3) qui s'éloigne à g. Après deux autres montées (4' et 5'), croisement (**3**) du ch. de Roeser (2.7) à Weiler-la-Tour (1.5). Ici, continuant tout droit, on coupe la voie ferrée; puis, après deux montées (5' et 2'), on descend vers Frisange; à dr., de hautes collines dentelées se découpent à l'horizon.

A Frisange (**1.2** — Pavé : 2'), laissant à dr. la r. de Bettembourg (7), et quittant celle de Thionville (18), on s'engage à g. sur le ch. de Mondorf ; petite montée (2') suivie d'une courte descente rapide dans la direction d'Aspelt (**2.6**).

Au milieu de ce village, abandonner devant soi le ch. de Dalheim (3.5), qui conduit au *Monument du camp romain*, érigé sur le plateau, en avant du village de Dalheim, et continuer à dr. pour pénétrer dans le vallon de l'*Altbach*. On gravit une rampe, en partie assez dure (3') devant l'exploitation des *Carrières réunies*, ensuite descente rapide dans le creux d'Altwies (**3**). A l'entrée de cette localité, suivre le ch. à dr. de la chapelle; puis, devant l'église, tourner encore à dr. pour rejoindre le vallon.

La r. passe au pied d'une paroi escarpée d'où la pierre est extraite, tandis que vis-à-vis, sur la rive lorraine du ruisseau, s'élève la *chapelle de Castel*, au-dessus d'un monticule; presque aussitôt on descend vers Mondorf. Au centre du village (**1.5**), abandonnant la r. directe de Remich (8.5), on tournera à dr. et, quelques m. plus bas, devant le pont sur l'Altbach, on continuera à g. en suivant la ligne.

La vallée s'évase et, par une jolie avenue, on gagne la station du ch. de fer (**0.6**) devant laquelle se détache, à g., un ch. qui rejoint celui de Remich.

Plus loin, à l'extrémité de l'avenue, bordée d'hôtels, de restaurants et de villas, on atteindra le Grand Hôtel de *l'Europe*, excellente maison (**0.1**), où l'on pourra déjeuner. A côté de l'hôtel, se trouve l'entrée du parc de l'établissement thermal.

Mondorf-les-Bains, l'unique station thermale du Grand-Duché, situé dans un site champêtre du vallon élargi de l'Altbach, possède un établissement très bien tenu, propriété de l'Etat (eaux efficaces pour le traitement de l'anémie, des névralgies et des maladies de l'estomac). Les bains, de plus en plus fréquentés, sont environnés d'un beau parc où s'élèvent d'élégantes constructions, en forme de chalets, comprenant le casino, la buvette et un promenoir couvert.

Vis-à-vis l'hôtel de l'*Europe* s'ouvre un ch., en bordure du parc, qui conduit à Remich par Burmerange (4), Remerschen (3), où l'on rejoint la vallée de la Moselle, Wintringen (1) et Remich (5). Ce ch., qui laisse parfois à désirer jusqu'à Remerschen, devient excellent à partir de cette localité.

Du Grand Hôtel de l'*Europe* revenir à la station du ch. de fer (**0.1**) et prendre à dr. le ch. de Remich qui longe la ligne; à dr., dans la prairie, une grande construction blanche sert de couvent à des religieuses.

Un peu plus loin, devant le poteau indiquant Dalheim, tourner à g., pour venir rejoindre par un crochet le ch. de Mondorf à Remich. Celui-ci, bordé du télégraphe, s'élève à dr. sur une plaine fortement ondulée (Côtes : 3' et 3') et coupe la traverse (**3.2**) de Hassel (8) à Remerschen (6.4). A deux reprises la rampe s'accentue (8' et 5') en approchant d'un bois large d'un kil. Au milieu du parcours, se détache à dr. (**1.7**) le ch. de Wellenstein (2.2); continuer à g.

A la sortie du bois, on domine le ravin de Wellenstein; puis, le ch., inclinant à g. (Côtes : 3' et 2'), sur le bord du plateau au-dessus des vignes, découvre une vue superbe de la vallée de la *Moselle*. Descente en partie rapide et dangereuse, entre des vignobles, pour retrouver (**3.5**) la r. directe de Luxembourg à Remich par Bous (*V.* page 105).

Tournant à dr., la rue descend toute la petite ville de Remich (Ch.-l de c. — 2.800 hab. — Pavé 9' — Hôt. des *Ardennes*) et vient aboutir au pont (**0.7**) sur la Moselle qui relie la rive Grand-Ducale à la rive Prussienne.

Nota. — Si l'on dispose de quelque temps, on pourra traverser le pont (péage, 5 c.) et aller visiter à Nennig, village allemand, situé à deux kil. de Remich, une remarquable **mosaïque romaine**, parfaitement conservée, mesurant 16 m. sur 10. m.

Le pont franchi, suivre la première r. à dr. passant aux villages contigus de Wies, de Berg et de Nennig. La célèbre villa romaine, où la mosaïque fut découverte, se trouve à l'extrémité de Nennig, à g. de la r., près d'un débit intitulé : *Gasthof zur romischen Villa.*

Descendant la rue à g., parallèle au pont, on arrive au quai de la Moselle. La r. de Grevenmacher, absolument plate, longe la rive g. de la rivière, au pied de côteaux couverts de vignobles ou creusés par des carrières. Sur la rive dr. court la ligne stratégique du ch. de fer de *Berlin à Metz*. De ce côté, apparait la masse grise du *château de Thorn*.

La r. passe auprès du village de Stradbredimus (3) et, dépourvue d'ombrage, décrit avec la vallée deux grandes courbes. A g., se détache (1.9) le ch. Greiveldange (1); le paysage se resserre. Après Ehnen (1.9), au confluent du ruisseau de *Gostingen*, on atteint la bifurcation (1) du ch. de Flaxweiler (0.5), à g.; continuer à dr., le long de la rivière.

A Wormeldingen, ou Wolmeldange (1), relié à la rive dr. par une légère passerelle métallique, les vignes étagées sur les coteaux produisent l'un des crus les plus renommés du Grand-Duché.

Les localités de Ahn (2.1) et de Machtum (3.8), qu'on rencontre ensuite, sont également connues par la qualité de leurs vins, les meilleurs de la contrée ; à dr., sur la rive opposée, gros village de Nittel.

La Moselle dessine une nouvelle courbe; puis, dépassant un rocher surmonté d'un petit belvédère, vis-à-vis le village prussien de Wellen, pénètre dans le bassin de Grevenmacher.

A l'entrée de Grevenmacher, on n'a qu'à suivre directement la rue qui traverse la ville (Ch.-l. de district — 3.500 hab. — Pavé : 7' — Hôt. du *Luxembourg*), en laissant à g. (3) la direction de la r. de Luxembourg par Roodt (V. page 106).

Grevenmacher n'ayant rien qui puisse retenir le touriste, nous conseillons, la r. étant excellente, de pousser jusqu'à Wasserbillig pour compléter l'étape. A Wasserbillig, on se trouvera mieux sous tous les rapports.

La chaussée, parallèle à la ligne, continue à plat au pied des vignes. A dr., village allemand de Temmels; à g., se détache (3) le ch. de Munschecker (2). On traverse la *Syre* au bas de la côte (5') qui précède le passage à niveau de la station de Mertert (1), village à dr. dans la plaine. Descente et traversée de la voie à la gare de Wasserbillig. Quelques m. après le passage à niveau, se trouve situé à g. l'hôtel *Meyers-Reinhard* (**1.2**). à deux cents m. de l'embranchement du ch. d'Echternach et du village de Wasserbillig, celui-ci au confluent de la Süre et de la Moselle.

Excursion recommandée au départ de Wasserbillig — A Trèves (Prusse), par Igel (**1.5**), Zewen (**3**) et Trèves (**7.5** — 37.000 hab. — Hôt. *Venise*).

Le cycliste, disposant de tout son temps, devra consacrer une journée à l'excursion de Wasserbillig à Trèves, soit qu'il se rende à cette ville par le chemin de fer ou par la route. La r., très bonne et plate, franchit, à l'extrémité du village de Wasserbillig, le pont sur la *Süre*, puis suit la rive dr. de la Moselle jusqu'à Igel. Près de cette localité, à g. et à dix m. de la r., s'élève l'obélisque romain dit le *Monument d'Igel*. Plus loin, dans le voisinage de Zewen, on coupe la voie ferrée et, par une longue plaine, on atteint le pont de Trèves.

Trèves, considérée comme la plus ancienne ville de l'Allemagne, renferme en outre de nombreux vestiges d'antiquité romaine, plusieurs monuments importants.

Du pont, se rendre par les rues, qui se suivent, de *Schanz*, *Brucken* et *Fleischstrasse*, à la place du Marché ou *Haupt-Mark*, au centre de la ville. A g. de cette place, la *Simeonstrasse* conduit à la célèbre *Porta-Nigra*. Du même Marché, la *Sternstrasse* aboutit au *Dom*, église qui contient une robe sans couture du Christ.

A dr. du Dom, s'élève l'église Notre-Dame. De ce côté, la *Liebfrauenstrasse* mène à la *Basilique* ou palais de Constantin; puis, en traversant à dr. le *Palast-platz* (Musée provincial d'antiquités, à g. au milieu du square) et la plaine d'exercice, on parvient devant les ruines du *Palais Impérial*. Derrière ces ruines, la r. d'Olewig, à l'angle de la *Sud-Allée* et de l'*Ost-Allée*, mène en quelques min. vers l'emplacement de l'*Amphithéâtre*, à g. De l'amphithéâtre, revenir sur ses pas à la Sud-Allée qu'on suivra à g. pour gagner les *Thermes*, dans le voisinage du pont sur la Moselle.

DE WASSERBILLIG A LAROCHETTE

PAR MORSDORF, BORN, HINKEL, ROSPORT, STEINHEIM, ECHTERNACH, GRUNDHOF, MÜLLERTHAL ET CHRISTNACH

Distance : **11** kil. **200** m. *Côtes :* **1** h. **13** min.
Pavé : **12** min.

Nota. — Cette route remonte insensiblement la vallée de la Sûre jusqu'à Grundhof. Elle présente ensuite une série de petites montées dans la vallée de l'Erenz-Noire. Côte de quinze cents m. après Christnach, puis descente de deux kil. vers Larochette.

Quittant l'hôtel *Meyers-Reinhard*, suivre à g. la rue de Trèves (Pavé : 2') et, parvenu à l'angle de l'église de Wasserbillig (**0.2**), abandonner cette direction pour s'engager à g. sur le ch. d'Echternach. Celui-ci, bordé d'arbres fruitiers, remonte la rive dr. de la jolie vallée de la *Sûre*, encore resserrée entre des coteaux couverts de vignobles qui peu à peu feront place à d'autres cultures. La rivière délimite toujours la frontière entre la Prusse et le Grand-Duché; à dr. pont de Langsur (**1.5**).

Sur le parcours, on traverse plusieurs fois la ligne du ch. de fer; et la région, variée d'aspect, devient pittoresque. Successivement on rencontre les villages de Morsdorf (**1.1**), vis-à-vis de Metzdorf en Prusse, et de Born (**1.7**). Après le passage à niveau de Born, monter (4') le ch. à g.

Au dela d'Hinkel (**3.3**) la vallée, élargie, présente un paysage plus découvert, qu'entourent de jolis sommets boisés. Ici, le ch., pour éviter un trop long circuit, s'écarte de la rivière et s'élève (4') vers une tranchée pour passer entre deux mamelons, conjointement avec la voie ferrée; il descend ensuite vers Rosport (**2**). La vallée se dirige à présent vers le Nord-Ouest, tandis que les villages de Rahlingen, de Godendorf et d'Edingen s'échelonnent gracieusement sur la rive prussienne.

Après Steinheim (2.7), on double un petit promontoire, vis-à-vis le village de Minden, à l'embouchure du vallon de la *Nins*, en Prusse. La r. monte doucement (6'), puis, à un second tournant, découvre les quatre clochers d'Echternach, petite ville agréablement située dans un des plus jolis bassins de la Sûre, sur la limite de cette partie du Grand-Duché, dénommée la petite Suisse Luxembourgeoise. Une avenue de tilleuls, tracée en demi-cercle, conduit à l'entrée d'Echternach (Chef-l. de c. — 3.180 hab. — Pavé : 4' — Café *Strauss*), autrefois défendue par une enceinte fortifiée.

Suivre devant soi la rue *Hoveleck*, dont le prolongement, la rue de la *Montagne*, mène à l'hôtel du *Cerf*, situé à dr. (1.7).

Visite de la ville d'Echternach (environ 1 h. 1/4). — La rue de la *Montagne*, à g. de l'hôtel du *Cerf*, conduit au pied de l'escalier en pierre de l'église Saint-Pierre. Faire le tour de la terrasse qui environne l'église et descendre, par l'escalier opposé, à la fontaine de Saint-Willibrord. A g. de la fontaine, la rue des *Ecoles*, longe la place du *Marché* (jolie construction avec colonnade du Dingstühl) et est continuée par la rue du *Couvent* aboutissant sur la place de la *Porte Saint-Willibrord*. Ici, à dr., la Basilique (magnifiques fresques) qu'on peut visiter en s'adressant à g. de la grille (pourboire facultatif). De la basilique, revenir à la fontaine de Saint-Willibrord, en laissant à dr. le passage des *Crapauds*. Longer à g. les bâtiments de l'ancienne abbaye, puis par la rue *Kack* et la rue du *Pont*, à dr., on se rendra au pont sur la *Sûre*. Du pont, revenir par la rue de la *Sûre* à la rue de la *Montagne*, qui ramène à dr. à l'hôtel.

Une bizarre procession dansante, qui a lieu le mardi de la Pentecôte, attire chaque année à Echternach une foule énorme de pèlerins et de curieux. Dans cette procession, les pèlerins parcourent le trajet du pont de la Sûre à l'église Saint-Pierre en faisant trois ou cinq pas en avant et un ou deux pas en arrière, au son des nombreux instruments de musique joués dans les diverses parties de ce singulier cortège.

Excursions recommandées au départ d'Echterncah. — Echternach partage avec Diekirch (*V.* page 121) la renommée des jolies excursions qui attirent les touristes vers la petite Suisse Luxembourgeoise, dans la région du massif des Erenz. La plupart de ces excursions suivent des sentiers qu'on ne peut parcourir qu'à pied.

La plus intéressante des promenades, pour laquelle tout touriste, passant à Echternach, devrait consacrer une journée, consiste à se rendre **d'Echternach à Grundhof**, par Berdorf et les sentiers artistement tracés sous de magnifiques ombrages, au milieu des singulières formations rocheuses qui, comme des bastions, soutiennent la partie supérieure du plateau de Berdorf. Cette splendide excursion demande environ 5 h. 1/2 de marche. Jusqu'à Berdorf, les sentiers sont suffisamment indiqués ; il n'en est pas de même après. Aussi conseillerons-nous, en arrivant à Berdorf, de s'adresser à l'hôtel *Kinnen* où l'on pourra trouver un guide qui conduira dans la seconde partie de l'itinéraire.

De Grundhof à Echternach, revenir par le train du soir qui part de la station de Grundhof vers 8 h. 1/2 et arrive à Echternach à 9 h. pour l'heure du souper.

Itinéraire : Quittant l'hôtel du *Cerf*, suivre à dr. la rue de la *Montagne*; traverser la place du *Marché* et continuer par la rue du *Luxembourg*. Dans celle-ci, à la fin du pavage, prendre à dr. la rue *Maximilien*. On coupe la rue du *Haut-Ruisseau* et, parvenu près d'une propriété particulière, abandonnant la rue Maximilien, on s'engagera à g. sur le sentier de Berdorf, indiqué par une plaque.

Ce sentier, taillé en escalier, monte sous un berceau de verdure, croise un ch. de char et conduit (20') au *Trossknepschen* où s'élève un belvédère rustique (point de vue d'Echternach).

La continuation du sentier, à dr., indiquée par un poteau et jalonnée par des croix rouges, traverse le bois d'*Irrelchen* et, près d'une chapelle (15'), incline à g. pour descendre des degrés dans le gouffre ou couloir ténébreux de la **Wolffsschlucht**, (gorge aux loups), au pied d'énormes parois de rochers, étrangements dressés à pic, parmi une luxuriante végétation. Ce genre de site se renouvellera sous des aspects divers tout le long du parcours. Le sentier remonte, puis descend à g. (celui de dr. atteint en quelques min. l'*Aussichtpunkt*, point de vue qui domine le versant de la Sûre) pour passer devant d'étroites fissures de rochers. Plus loin, descente à dr. de rapides lacets en venant rencontrer (25') un autre ch. montant de la vallée.

Ayant contourné le promontoire qui forme l'angle de la vallée de la Sûre, on entre dans le **vallon de l'Eszbach** ; puis, après avoir emprunté un moment le tracé d'un ch. de char, on continuera par le sentier à g. (croix rouges); traversée d'un ruisseau (10') en vue de la nouvelle r. d'Echternach à Berdorf.

Se laissant toujours guider à g. par les croix rouges, on atteindra une bifurcation (5') où un poteau indique Berdorf à 3 kil. Ici, le sentier à g., parallèle et au-dessus de la r., sillonne le *Labyrinthe* (8'), à la base de gigantesques blocs. Passage dans un étroit couloir, sous une roche en saillie ; ensuite, après une montée et une descente (7'), on traverse un tunnel formé d'éboulis. A l'issue de ce tunnel le sentier gravit quatre marches, à g., puis descend rejoindre la r. (1') à un embranchement signalé par deux plaques indicatrices, devant les formidables roches de *Pérékop*.

Ici, un détour de trente-cinq min. permet de visiter le **ravin du Halsbach** qui vient se réunir à l'Eszbach. Abandonnant momentanément la direction de Berdorf, on traversera la chaussée à dr., vis-à-vis une borne kilométrique, pour s'engager sur le sentier du Halsbach, marqué par un poteau. On rencontre (10') le *Zingeunerley* (rocher des Bohémiens) formant une voûte spacieuse au-dessus d'une table de pierre. Plus loin (4'), ayant traversé deux fois le ruisseau (le plus souvent sans eau), au moyen de petits blocs carrés et moussus, on limitera à cet endroit la visite du Halsbach pour revenir à la r. par le sentier de la rive opposée. Il passe sous une nouvelle masse rocheuse surplombante, la *Welkeschkamer*, presque vis-à-vis le rocher des Bohémiens, franchit encore deux fois le ruisseau, court sur une étroite corniche et regagne (20') la r. d'Echternach à Berdorf. Traverser cette r. et reprendre à dr. le sentier de la Hollay qui remonte le vallon de l'Eszbach.

On franchit plusieurs fois le ruisseau et, suivant toujours l'indication des croix rouges, on arrive devant une plaque (10') annonçant Berdorf à 2 kil. Le sentier, d'abord aplani, s'élève ensuite à dr., vis-à-vis une inscription gravée sur une roche, et atteint (18') la belle **caverne de la Hollay**, où les Romains creusèrent jadis leurs meules. On la traverse à g., puis, ayant gravi quelques marches à dr., on passe sous deux arceaux de roches précédant deux autres cavernes de moindre dimension, l'une à dr. l'autre à g.

A la lisière de la forêt, on atteint (5') un plateau incliné menant à Berdorf, village dont le clocher pointe devant soi. Passer devant l'église (l'autel chrétien recouvre, curiosité assez rare, un autel païen) et s'arrêter à l'hôtel *Kinnen* (12'), quelques m. plus loin, à dr., sur la r. d'Echternach.

Comme il a été dit, un guide est nécessaire pour la seconde partie de l'excursion, entre Berdorf et Grundhof, à cause de la multiplicité et de l'enchevêtrement des sentiers, particulièrement dans les chaos rocheux du Binselschlüfft et du Siebenschlüfft; s'adresser à l'hôtel Kinnen (guide recommandé, *Pierre Bidorff* ; rétribution, 2 fr. 50).

Le ch. de Grundhof, à dr. de l'église, descend le côté opposé du plateau, en infléchissant à g. Il dépasse le poteau indicateur de Grundhof, et, quelques m. plus loin, laisse à g. (6') la direction de Befort pour continuer à dr. vers celle de la *forêt du Schnellert*. On descend un sentier gazonné à travers une prairie, puis on pénètre sous bois (6') en inclinant à g.; ici, reparaissent les croix rouges et des plaques indicatrices, mais en nombre insuffisant et souvent mal placées.

Le sentier dévale rapidement à dr., dans un étroit couloir de roches, et aboutit à un croisement d'embranchements signalés par deux tableaux indicateurs blancs. Continuer devant soi vers la direction de la *Höhle*; un peu plus bas, après un grand tableau noir portant entre autres indications, celle de Consdorf, suivre le sentier à g., qui conduit à l'entrée de la **Höhle** (10'). Cette longue fissure souterraine, d'une profondeur de soixante m., est remarquable par le froid qui y règne.

Revenir sur ses pas, en repassant devant le tableau noir, jusqu'aux embranchements, près des deux tableaux indicateurs blancs. Suivre le sentier descendant à g., puis, presque aussitôt, le quitter pour gravir à dr. celui précédé de trois marches. Ce sentier fait le tour et serpente dans le dédale du **Binselschlüfft**, se faufilant et grimpant entre les gigantesques parois de l'immense rocher fendu en tous sens. Du sommet du Binselschlufft, vue admirable sur les vallées de l'Erenz-Noire et de la Sûre. On revient ensuite reprendre (20') le sentier, près des trois marches, descendant à dr.

Plus loin, un autre sentier se détache (6') à dr. et gravit des escaliers pour conduire à la caverne, dite la *Chambre des Morts*. Il traverse cette caverne à g. puis redescend par des degrés dans l'étroit défilé du *Zig-Zag*. Après deux voûtes, formées de roches écroulées, on atteint la limite de la forêt du Schnellert et l'on descend à la vieille r. cailloutée (15') de Berdorf à Grundhof. Traverser cette r. pour s'engager sur le sentier menant à la Siebenschlüfft dans les *bois du Wanterbach*. Plus bas, on croise (5') encore un ch. montant vers Berdof, tandis que le sentier, en corniche, passe au-dessous des superbes rochers du *Koekeley*, du *Michelsley* et du *Dehlenley*. Après avoir traversé (15') sur un pont naturel un ruisseau presque toujours à sec, on pourra faire le tour à dr. (15') de la gorge du Wanterbach; puis, reprenant le sentier, et passant sous le rocher du *Rammenley*, on atteindra (5') la **Siebenschlüfft** indiquée par un poteau placé près d'un banc.

Les couloirs, en labyrinthe, de la Siebenschlüfft sont analogues à ceux de la Binselschlüfft (*V.* ci-dessus) et ménagent les mêmes surprises; par leurs anfractuosités on peut gagner le sommet du Rammenley d'où l'on découvre une vue superbe. Retour au poteau indicateur (15') et continuer à dr. dans la direction du ravin de *Casselt*. On traverse une partie découverte, ensuite on rejoint (5') un autre ch. montant vers Berdorf; le suivre à g. Cent m. plus loin, se détache à dr. le sentier menant au magnifique point de vue de Casselt, sur le sommet d'un roc entouré d'un garde-fou (15' aller et retour).

De Casselt, revenir au ch. et descendre vers Grundhof, en tenant la gauche. Plusieurs lacets mènent à la lisière de la forêt, sur des champs cultivés. On traverse ceux-ci et, arrivé près d'un moulin, on se dirigera à dr. pour gagner la station de Grundhof-Beaufort (25'), située à l'angle des vallées de l'Erenz-Noire et de la Sûre, ainsi qu'à la bifurcation des r. d'Echternach à la Müllerthal.

L'écho des Lutschen (3 kil., aller et retour, à pied). — *Itinéraire*: A la sortie de l'hôtel du *Cerf*, suivre à dr. la rue de la

Montagne ; traverser la place du *Marché* et continuer par la rue de *Luxembourg*. Cent m. après la fin du pavage, une petite allée, précédée d'une barrière, se détache à g. de la r. Prendre cette allée en longeant, à g., un cirque de plaine au fond duquel apparaît une grande maison blanche. Dépassé une chapelle au crépi rose, quitter l'allée et franchir le petit pont à g. Le ch., ayant traversé la plaine dans toute sa largeur, laisse à g. un sentier (par lequel on pourra revenir à Echternach) ; puis, inclinant à dr., se dirige vers la maison blanche. Parvenu à hauteur et parallèlement à cette maison, bâtiment désert qui appartenait autrefois à l'abbaye, on verra le poteau indicateur de l'*Echo*. Celui-ci rend les sons et les paroles avec une netteté surprenante.

Au départ de l'hôtel du *Cerf*, suivre à dr. la rue de la *Montagne*, traverser la place du *Marché*, en biaisant à dr. et, par la rue de la *Gare* (Pavé : 6'), gagner la r. de Dickirch, à g. de la station.

On continue à remonter insensiblement la gracieuse vallée de la *Süre*, en côtoyant la ligne du ch. de fer. A g., se détachent successivement la nouvelle r. (**1.7**) de Berdorf (3.9), puis l'ancienne (**0.5**), au débouché du vallon de l'*Eszbach*. A dr., sur la rive allemande, de frais vallons viennent également aboutir à la vallée, vis-à-vis les stations et ponts de Weilerbach (**1.0**) et de Bollendorf (**2.7**). Ce dernier village possédait un château, aujourd'hui transformé en hôtel-pension ; on en voit encore la tour à machicoulis.

Après avoir franchi l'Erenz-Noire, on arrive à hauteur de la station de Grundhof-Beaufort (**2.8**). Ici, abandonnant la r. de Dickirch, par la vallée de la Süre, on tournera à g. pour remonter la vallée de l'*Erenz-Noire* dans la direction du Müllerthal (Côtes : 2', 4' et 1'). A g., les masses rocheuses qui émergent au-dessus des forêts ressemblent à des murailles démantelées. Après un taillis, la r., laissant à dr. (**1.3**) le ch. de Beaufort (3.7 — *V.* page 120), descend à g. pour traverser la rivière, dont on suit à présent la rive dr., au milieu d'un paysage très boisé (Côtes : 3' et 3').

A l'issue de la forêt, descente légère vers le riant petit bassin de prairies du hameau du Müllerthal, au confluent du ruisseau de Consdorf. Un peu plus loin, on atteint le croisement (**1.2**) du ch. de Waldbillig

(2.2). Ici, tournant à g. on franchit un pont avant de pénétrer dans le **Müllerthal**, la partie la plus pittoresque de la vallée. Légère montée qui s'accentue en côte (7'); à dr., la passerelle rustique et la cascade du *Schleszentumpel* (**0.9** — de l'autre côté du pont, un sentier conduit en quinze min. à un site environné de roches curieuses).

Parvenu à un joli carrefour, au milieu d'un fouillis de bois (**1.1**), laissant à g. la r. d'Echternach (12) par Consdorf (4.6), on tournera à dr. pour remonter un ravin, perpendiculaire à l'Erenz-Noire (Côtes : 6', 5', 4' et 10') et encaissé entre des roches affectant les formes les plus étranges. Cet étroit vallon prend naissance, à la sortie des bois, au plateau de Christnach, village situé à l'embranchement (**2.2**), à dr., du ch. de Beaufort (7.6) par Waldbillig (4.4). Deux cents m. plus haut, on dépasse à g. le ch. de Junglinster (10.2) pour aborder une longue rampe (17') sur l'inclinaison d'une plaine dénudée ; horizon étendu.

Descente rapide de deux kil. vers la vallée de l'*Erenz-Blanche*, puis arrivée au bourg industriel de Larochette (en allemand : *Fels*), au pied des ruines d'un ancien château, dans un des sites les plus attrayants du Grand-Duché.

Au bas de la côte, là où commence le pavage de la petite ville (**1**), s'arrêter au Grand Hôtel recommandé de la *Poste*.

La principale curiosité de Larochette consiste dans la visite des ruines du château (40'). On s'y rend en traversant à g. l'*Erenz-Blanche*, vis-à-vis l'église paroissiale, et en montant la rue dans la direction de Mersch. Un peu plus haut, une ruelle, à dr., indiquée par la plaque indicatrice du « *Schlossruine* » conduit à la porte du domaine. Sonner pour avertir le gardien qui fait visiter les ruines, très intéressantes (pourboire, 50 c.).

DE LAROCHETTE A DIEKIRCH

PAR CHRISTNACH, WALDBILLIG, HALLER, BEAUFORT, GRUNDHOF, REISDORF, MOESTROF ET BETTENDORF.

Distance : **33** kil. **900** m. *Côtes :* **1** h. **36** min.
Pavé : **11** min.

Nota. — La route directe de Larochette à Diekirch, qui passe par Medernach (1) et Diekirch (9), présente deux côtes longues, de quinze cents m. et de un kil. Notre itinéraire, par Beaufort et Grundhof, permet de voir les superbes ruines du château de Beaufort et de rejoindre la vallée de la Sûre à Grundhof, pour en parcourir la partie comprise entre Grundhof et Diekirch. Les vrais touristes le choisiront de préférence.

Trajet très accidenté, pénible, entre Larochette et Beaufort ; côtes dures et descentes dangereuses. De Beaufort à Grundhof, descente en partie rapide. De Grundhof à Diekirch, on remonte insensiblement la vallée de la Sûre ; faibles ondulations.

De Larochette à Christnach, on refait la r. par laquelle on est venu. Côte de deux kil. (30') pour remonter sur le plateau, ensuite descente à Christnach. Dans ce village (**4**), prendre à g. le ch. de Beaufort (en allemand : *Befort*).

Celui-ci, d'un abord peu engageant, descend, franchit un petit pont, monte un raidillon (1'), puis tourne aussitôt à dr. en longeant le télégraphe ; s'améliorant, il gravit une première côte (3') sur une plaine fortement mouvementée, tachetée de forêts. Mauvaise descente à Waldbillig (**1.2**) ; au bas, tourner à dr. et, à la montée suivante (10'), continuer à g. Descente suivie d'une nouvelle longue côte (13') ; à dr., on distingue à l'horizon le plateau de Berdorf (V. page 115), ainsi que la ligne des grands rochers qui surplombent la vallée de l'*Erenz-Noire*. Atteignant les premières maisons de Haller, continuer tout droit pour descendre la terrible côte du village (**3.2**), où l'on tourne d'abord à dr., ensuite à g. ; traversée du ravin boisé du *Hallerbach*.

Une côte escarpée (15') fait regagner le plateau à un croisement de ch. Ici, tourner à dr. pour descendre dans le vallon de Beaufort.

A mi-pente, se détache à g. de la r. (1.7) le ch. qui conduit à la porte ronde d'un premier château du XVIIe, contigu aux ruines du **château féodal de Beaufort**. Les deux domaines sont reliés par une passerelle. Les ruines étant assez éloignées du village, profiter de son passage pour les visiter. Le premier château est converti partie en ferme, partie en fabrique de conserves alimentaires; le directeur de la fabrique a les clefs des ruines du second château.

Au bas de la descente, les imposantes ruines du château de Beaufort se présentent dans leur majestueux ensemble, à l'angle d'un vallon romantique, bordé de roches du plus pittoresque aspect.

On remonte (15') vers le village, bâti sur le versant opposé. Parvenu à mi-côte, aux premières maisons de Beaufort, tourner à dr.; puis gravir à g. une ruelle cailloutée, à pic, qui aboutit à une rue qu'on suivra à g. Dépassant l'église, à dr. (beau clocher), continuer toujours à g. Après le restaurant Bleser, on arrivera à l'hôtel *Bleser*, en retrait sur une étroite place à g. (0.9); s'y arrêter pour déjeuner.

Le ch. de Grundhof passe devant l'église de Beaufort (Pavé: 3') et descend un plateau de cultures. Parvenu à une bifurcation, près d'une petite chapelle (1), continuer à dr. Après un raidillon (3') descente rapide, en lacets, dans les bois du Hallerbach pour rejoindre la vallée de l'*Erenz-Noire*, à l'embranchement de la r. de Müllerthal (2.7). Descente adoucie jusqu'à la station de Grundhof-Beaufort (1.3), où l'on retrouve la r. d'Echternach à Diekirch par la vallée de la *Süre*; tourner à g.

La r., longeant la voie ferrée qui sépare de la rivière, passe au hameau de Dillingen (2), dans un délicieux paysage, traverse deux fois la ligne et laisse à dr. (4.2) le pont et la station de Wallendorf. Ce dernier, gros village allemand allongé au pied des collines, vis-à-vis le confluent de la Süre et de l'*Our*. La rivière de l'Our délimite, à présent, la frontière, vers le Nord, tandis que la vallée de la Süre, obliquant plus à l'Ouest, s'élargit et se dépouille de ses bois.

A Reisdorf (**2.1**), à l'entrée du vallon de l'*Erenz-Blanche*, on laisse à g. un ch. venant de Beaufort (6) pour traverser à dr. la ligne, ainsi que le pont de la Süre. Une côte (3'), ensuite une légère descente, conduisent à Moestrof (**2.5**) dont le château, sur l'autre rive, fut longtemps habité par le général Clément-Thomas, fusillé sous la Commune.

La r. côtoie le bord de l'eau et décrit une large courbe vers Bettendorf (**2.2**). Dans cet important village, on tourne d'abord à dr. puis à g. en suivant le télégraphe. La r., toute droite, ombragée d'arbres, monte légèrement (1' et 2') au-dessus des méandres de la rivière que limitent des hauteurs mollement inclinées ; à dr., embranchement (**2.5**) du **chemin de Vianden**, au débouché de la vallée de la *Blees* ; à g., Gilsdorf s'étale dans la plaine.

Après le hameau de Clairefontaine (**0.6**), on entre dans Diekirch (Ch. l. de district. — 4.000 hab. — Café de la *Place*), petite cité de villégiature, très fréquentée, par la rue de *Clairefontaine* (Pavé : 8'). Arrivé à l'*Esplanade*, promenade plantée d'arbres, tourner à g. On passe devant l'Hôtel de Ville, à la place *Wirtgen*, ornée d'un square minuscule, et, continuant par la rue du *Pont*, qui laisse à g. le pont sur la Süre (r. directe de Larochette), on atteindra l'hôtel recommandé de l'*Europe* (**1.8**), situé à dr., à l'angle de la *Grande Rue* et de la rue de *Stavelot*.

Visite de la ville de Diekirch (environ 30 min.). — La *Grand'Rue* mène à la place du *Marché*, qui communique à dr. avec la place d'*Armes*. Dans le fond de cette place, à dr., la vieille église Saint-Nicolas désaffectée. La continuation de la Grand' Rue, la rue de *Brabant*, aboutit à l'*Esplanade*. A g., sur la place *Guillaume*, l'église Saint-Laurent. Retour à l'hôtel de l'*Europe* par la rue de *Stavelot*.

Excursion recommandée au départ de Diekirch. — **A Vianden** et à **Brandenbourg** (**32** kil. **800** m., aller et retour — Côtes : 2 h. 57' — Pavé : 40').

La belle excursion de Vianden peut se faire de trois façons : 1° par le tram, ou chemin de fer cantonal (trajet en 40 min.; prix : 1 fr. 40 ou 70 c. billet simple ; 2 fr. 25 ou 1 fr. 10, aller et retour) ; 2° par le tram, à l'aller, et par la route, au retour ; 3° entièrement par la route, à l'aller comme au retour.

Si l'on fait le trajet aller et retour par le tram, on devra abandonner la seconde partie de l'excursion à Brandenbourg. Si l'on se rend seulement jusqu'. Vianden par le tram, emporter avec soi sa bicyclette, et, effectuant le retour en machine, on pourra visiter Brandenbourg. Notre itinéraire décrit tout le trajet par la route à l'aller comme au retour. Quel que soit le moyen qu'on choisisse, s'arranger pour déjeuner à Vianden.

Itinéraire : De Diekirch au chemin de Vianden (**2.4** — Pavé : 8'), V. page 121, en sens inverse.

Le ch. de Vianden remonte la vallée de la *Blees* par une première rampe de six cents m. (6') ; puis, laissant à g. (**1.1**) le chemin de Brandenbourg, près de la halte de Bastendorf, on s'écarte de la Blees pour gravir à dr. le vallon du *Tandelbach* ; la rampe s'accentue durant un kil. (15'). Après Tandel (**1.8**), dure côte, longue de trois kil. (1 h.) en dominant les curieux circuits tracés par la ligne du tram. On passe au-dessus du tunnel en vue de Fouhren (**2.1**), village en contre-bas à dr. ; vue étendue sur la vallée de l'*Our* et les hauteurs de la Prusse à l'horizon.

Descente rapide de deux kil. trois cents m. On aperçoit les premières maisons du bourg de Vianden (Ch. l. de c. — 1.270 hab.), à l'arête du promontoire, puis, à un détour, la magnifique apparition des ruines du *château de Vianden*, certainement les plus intéressantes du Grand-Duché.

Arrivé au pavage de Vianden, laisser en garde sa machine à l'auberge « *Zur Oranienburg* », située à g., à l'angle (**3.9**) de la r. de Putscheid (7) et aller visiter les ruines (30').

On monte la r. de Putscheid, pendant quelques m. ; ensuite, traversant presqu'aussitôt à dr. un petit pont, on gravit le ch. qui conduit à la porte du château, en laissant à g. la promenade de Bildchen et de Falkenstein, indiquée par un poteau (*V.* ci-dessous). Sonner à la porte du château pour avertir le gardien (pourboire, 50 c.).

A la sortie du château de Vianden, avant de descendre dans le bourg, nous ne saurions trop recommander de parcourir la promenade de Bildchen, à dr., sur une distance d'une vingtaine de minutes de marche. Le sentier traverse des bois et passe (10') près d'une fontaine où se détache à g. le ch. du *Pavillon*, autre promenade. A la lisière du bois, banc et calvaire. Descendre le ch., bordé d'un garde-fou, jusqu'à la petite *chapelle de Bildchen* (10'). De la terrasse, on jouit d'un merveilleux panorama de la gorge de l'Our et, dans le lointain, du village de Biwels, au delà duquel se dressent les ruines de Falkenstein. Retour à la r. de Diekirch (20').

Si l'on doit revenir à bicyclette à Diekirch, on laissera encore sa machine à l'auberge « *Zur Oranienburg* » et l'on descendra à pied la longue rue de Vianden (12') en donnant un coup d'œil à l'église (belle pierre tumulaire).

De l'autre côté du pont (**0.5**), s'élève à dr. une petite maison habitée jadis par Victor Hugo (1870-71). La rue, à dr., mène à l'hôtel *Ensch* (**0.2**) où l'on s'arrêtera pour déjeuner. Cet hôtel, avec veranda, est situé à cent m. de la station du tram.

Après le repas, remonter le bourg (12') et reprendre sa machine à l'auberge « *Zur Oranienburg* » ; puis, par la r. de Diekirch, revenir au chemin de Brandenbourg, à l'angle de la halte de Bastendorf (**8.5** — *V.* ci-dessus) ; côte dure de deux kil. trois cents m. (45'), ensuite descente presque continuelle.

Le ch. de Brandenbourg, à dr. de l'abri station du ch. de fer cantonal, remonte la vallée de la *Blees* (Côtes : 4', 3', 3' et 2'). Il passe à Bastendorf (**2** — Pavé : 1') et, au delà de l'église du village, continue à g., en laissant à dr. le ch. de Putscheid (3). On s'élève doucement à travers le vallon en longeant une étroite bande de prairie ; pont sur la Blees, entre quatre marronniers. (Montée : 6' et 3'). Bientôt on aperçoit les ruines du *château de Brandenbourg*, dominant le pauvre village du même nom.

A l'extrémité de cette localité se trouve à g. l'auberge *Goergen Hosingen* (**3.3**), où l'on demandera la clef des ruines (pourboire, 25 c.). Celles-ci s'élèvent à dr. sur un monticule isolé ; un sentier y conduit (30' aller et retour).

De Brandenbourg à Diekirch, suivre le ch. de la ferme de Kippenhof, qui s'ouvre à côté de l'auberge et passe près de l'église de Brandenbourg ; mauvais terrain et côte de deux kil. (30') A la montée, belle vue en arrière des ruines. On quitte le vallon encaissé de la Blees pour escalader un ravin. Dans le haut, le ch., meilleur, entre une double rangée de sapins, vient rejoindre (**2**), au sommet de la côte et dans le voisinage de l'importante ferme de Kippenhof, la belle r. de Diekirch à Spa, par Hoscheid (**7** — *V.* page 63) ; tourner à g.

Agréable descente de quatre kil., partie sous bois, partie sur des plans inclinés ; à g., se profile la montagne du *Herremberg*, à la cime rase ; tandis qu'à dr. se détache (**1.0**) le ch. d'Erpeldange (4) et d'Ettelbrück (6). On rentre dans Diekirch par le faubourg de *Bamerthal*, qui aboutit à la place *Guillaume* (Pavé : 7'). La rue de *Stavelot*, vis-à-vis, ramène à l'hôtel de l'*Europe* (**3.1**).

A Esch-sur-la-Sûre et à **Bourscheid** (**53** kil. **800** m., aller et retour — Côtes : 4 h. 15' — Pavé : 39').

Itinéraire : De Diekirch à Ettelbrück, au delà de l'hôtel *Herckmans* (**5.1** — Pavé : 13'), *V.* page 126.

Dans Ettelbrück, cent m. après avoir dépassé l'hôtel *Herckmans*, prendre la troisième rue à dr., à l'angle d'une boucherie-charcuterie (Pavé : 3'). A l'issue de la ville, la r. s'élève pendant deux kil. neuf cents m. (15') au-dessus de la vallée du Heinemhof, puis, faisant un coude à l'Est, passe dans une tranchée bordée de sapins.

Descente rapide dans la vallée de la *Wark*, vers Niederfeulen (**4.5**), où se détache à g. le ch. de Grossbous (7). On remonte ensuite longuement, pendant cinq kil. cinq cents m. (1h. 30'), à travers une région boisée, pour gagner le haut plateau d'Heiderscheid. Laissant à sa dr. (**6.6**) le village de ce nom, presque aussitôt commence la descente vers la Sûre ; pente rapide et en zigzags, contournant un ravin pour arriver au pittoresque village de Heiderscheidergrund (3). Plus bas, ayant franchi la Sûre, on laisse successivement à dr. (**0.3**) la r. de Gobelsmühle, par laquelle on reviendra ensuite, près d'une auberge (**0.6**), celle de Buderscheid (3) et de Wiltz (8 — *V.* page 125).

Ici, passant à g. sous un tunnel creusé dans le rocher, bientôt on arrivera en vue de Esch-sur-la-Sûre, petit bourg plus fréquemment appelé Esch-le-Trou, dans un site extraordinaire, encaissé, sorte d'entonnoir, au pied de sombres ruines.

Après le pont, tourner à dr. et s'arrêter pour déjeûner à l'hôtel recommandé de la *Sûre*, la première maison à g. (**1.5**).

— Un sentier, taillé en escalier dans le roc, à côté de l'hôtel, conduit près de la tour ronde, isolée sur un pic curieusement dentelé. Cette tour étant difficile à aborder, on se contentera d'aller visiter les ruines croulantes du vieux château situées sur le mamelon voisin (30'). Suivre la ruelle montante devant l'hôtel et, parvenu à l'église, escalader à g. le sentier rocailleux qui mène aux ruines —.

D'Esch-sur-la-Sûre, revenant sur ses pas (Montée : 3'), on repassera sous le tunnel et, négligeant à g. la r. de Buderscheid (**1.5**), six cents m. plus loin, on quittera la r. d'Ettelbrück (**0.6**) pour prendre à g. celle de Gobelsmühle.

Cette superbe r. franchit le ravin, puis, tracée en corniche, gagne peu à peu une grande élévation au-dessus de la vallée de la Sûre (Côtes : 8' et 10'). On domine à dr. l'admirable paysage du Heiderscheidergrund, ainsi que les majestueuses courbes de la rivière traçant leurs méandres au pied d'escarpements rocheux ou superbement boisés. Une descente ramène au niveau de la Sûre, dans le fond de la gorge ; ensuite deux courtes montées (2' et 2') vers un petit bassin de prairies égayé par des hameaux. La vallée se rétrécit tandis que la r. s'élève de nouveau (2', 6' et 8') fortement au-dessus de la rivière, pour finir par descendre vers le confluent de la Sûre et de la *Clerf*. Ici, on traverse le pont de la Sûre à dr. et, aussitôt, laissant à g. (**0.6**) la direction de la station de Goebelsmühle (0.5) où se termine la r., on gravira à dr. la longue côte de quatre kil. (1 h.) du ch. de Bourscheid.

Vue magnifique sur les ravins et les vallées de cette région étonnamment creusée en tous sens, tandis que s'étagent à l'infini des plateaux bien cultivés couverts de villages et de hameaux. L'immense panorama qu'on découvre, à mesure qu'on s'élève, est de toute beauté et dédommage de la dureté du parcours. Tout à coup, comme une aiguille, pointe le clocher de Bourscheid derrière un pli de terrain. Descendre vers l'église (4) et continuer à dr.

— A g. se détache le ch. qui conduit aux ruines du *château de Bourscheid*; celles-ci sont situées à douze cents m. du village et dominent la vallée de la Sûre (45' aller et retour). De loin elles produisent un effet surprenant, mais de près on ne distingue plus qu'un amas de débris informes. Au delà de Bourscheid, sur la r. d'Ettelbrück, on verra très bien ces ruines. Il n'est donc pas nécessaire de faire encore à pied ce détour assez éloigné —.

A l'extrémité de Bourscheid, la r. tourne brusquement à g.; descente très rapide et dangereuse. Une première fois, les ruines du château apparaissent un moment au sommet d'un mamelon. Côte dure (4'); on domine un vaste décor de plateaux entrecoupés de vallées. A la descente suivante, le château de Bourscheid reparaît à g. Fortes ondulations; deux côtes (5' et 10'). On passe près du village de Burden (4.4), ensuite descente rapide, en lacets, à Warken (4). On tourne à g. à l'angle d'une chapelle, et, la r. redevenue plate, ramène à Ettelbrück. Dans cette localité (Pavé : 15'), tourner deux fois à g. pour rejoindre (1) la r. de Diekirch.

D'Ettelbrück à Diekirch (3.4 — Pavé : 8'), *V.* page 126, en sens inverse.

Clervaux et **Wiltz**. — Si l'on séjourne à Diekirch, on pourra visiter Clervaux et Wiltz en s'y rendant en ch. de fer.

L'excursion à Clervaux demande une demi-journée. Partant de Diekirch à 1 h. 11 min. on arrive à Clervaux à 2 h. 40, et en quittant Clervaux à 4 h. 15, on est de retour à Diekirch à 5 h. 45. Un autre train part encore de Clervaux à 6 h. 45.

Clervaux (en allemand *Clerf* — Ch.-l. de c. — 1.796 hab. — Hôt. *Koener*) est surtout remarquable par sa situation, dans une boucle de la *Woltz*, et son antique château. 1 h. 1/2 suffisent pour visiter cette localité.

La durée du trajet en ch. de fer de Diekirch à Wiltz est de 1 h. 20 min. à 2 h. 20 min., selon la durée des arrêts à Ettelbrück et à Kautenbach, où l'on change de train.

Wiltz (Ch.-l. de c. — 3.000 hab. — Hôt. du *Commerce*), bâti dans une situation très originale, au-dessus de la *Wiltz*, possède un ancien château, assez bien conservé, occupé en partie par un pensionnat de religieuses.

DE DIEKIRCH A LUXEMBOURG

PAR ETTELBRÜCK, SCHIEREN, CRUCHTEN, MÖSDORF, BERINGEN, MERSCH, ROLLINGEN, LINTGEN, LORENTZWEILER, HELMEDANGE, BOFFERDANGE, HEISDORF, WALFERDANGE, DOMMELDANGE ET EICH.

Distance : **35** kil. **300** m. *Côtes* : **52** min.
Pavé : **1** h. **2** min.

Nota. — Très belle route, plate jusqu'à Ettelbrück. Côtes insignifiantes dans le reste du trajet, en remontant la vallée de l'Alzette, à part la rampe d'Eich, longue d'un kil. Presque tous les villages sont pavés.

Au départ de l'hôtel de l'*Europe*, suivre devant soi l'avenue de la *Gare* (Pavé : 8'). Celle-ci passe devant les bâtiments de la grande *brasserie de Diekirch*, dont les produits sont réputés, puis devant la gare, où le pavage cesse.

La r., bordée d'arbres, à peu près plate, dans la plaine arrosée par la *Süre*, laisse à g. (**3**) le village d'Ingeldorf. On traverse la ligne tandis qu'à dr. continue, très large, la vallée supérieure de la Süre ; de ce côté vient aboutir (**1**) le ch. d'Hosingen (23). On franchit la rivière, ensuite le passage à niveau de la *ligne de Luxembourg à Liège*, à l'entrée d'**Ettelbrück**.

Cette petite ville, très commerçante, au confluent des vallées de la Warck, de l'Alzette et de la Süre, est sillonnée par une longue rue (Pavé : 8'). Cent m. au delà de l'hôtel *Herckmans* (**1.1**), se détache à dr. la r. de Niederfeulen (direction d'Esch-sur-la-Süre, V. page 123); continuer tout droit.

Aux dernières maisons d'Ettelbrück, la r., franchissant l'*Alzette*, remontera la riante vallée de cette rivière jusqu'à Luxembourg. Légère rampe (4') vers le village de Schieren (1.6 — Pavé : 8'), scindé en deux parties: à g., s'éloigne le ch. de Stegen (5.5). Plus loin, à la descente, on voit à dr., au milieu d'un massif d'arbres, et sur la colline de l'autre rive, le *château de Berg*, joli castel en grès rouge, propriété du prince-héritier, fils du Grand-Duc.

Au bas de la pente (1.7), ne pas traverser le passage à niveau devant soi (route de Colmar, 0.5), mais tourner à g. dans la direction de Cruchten. La vallée de l'Alzette se rétrécit entre des versants boisées avant d'atteindre Cruchten (3.6 — Pavé : 2'), où se détachent à g. le ch. de Schrondweiler (2.2) ainsi que la voie du tramway qui dessert Larochette; petite montée (4').

On pénètre dans un bosquet de sapins en laissant à dr. (2.9) le pont d'Essingen; nouvelle montée (3'). A dr.. sur la rive opposée, les maisons de Pettingen entourent les ruines massives d'un château. La vallée devient plus large. On dépasse les villages de Mösdorf (1.1, et de Beringen (1.2). Dans ce dernier village, abandonnant la grande route, vers Lintgen, prendre de préférence à dr. le ch. de Mersch, détour qui n'allonge pas. Ayant traversé l'Alzette, de l'autre côté du passage à niveau, longer la ligne à g. pour arriver à la station de Mersch (0.8).

Suivre à dr. l'avenue de la *Gare* (à dr., hôtel *Brandenburger-Kies* où l'on pourra déjeûner) et, deux cents m. plus loin, tourner à g. (0.2) sur le ch. de Lintgen.

Le bourg de Mersch (Ch.-l. de c. — 3.000 hab.) est situé à dr., à cinq cents m. de la bifurcation, dans la grande plaine formée par l'intersection des vallées de la *Mamer*, de l'*Eisch* et de l'*Alzette*. On y voit un antique château-fort, peint en rouge et transformé en ferme, ainsi qu'une tour isolée, servant de beffroi, qui dépendait d'une ancienne église aujourd'hui disparue.

Excursion intéressante au départ de Mersch, en remontant la **vallée de l'Eisch**, par Rickingen (2), Hohlenfels (6 — château en partie ruiné), Marienthal (1 — ancienne abbaye), Ansembourg (2 — château du XVIIe s. et belles ruines du vieux château — aub. *Schenten*), Bour (4) et Septfontaines (5 — en allemand : *Simmern* — église et ruines curieuses — aub. *Simon-Wagner*). Retour vers Mersch, par Marienthal (11 — *V.* ci-dessus), la ferme de Claus (2), Schœnfels (2 — ancien château restauré — aub. *Toussaint*). dans la vallée de la Mamer, et Mersch (3).

Le ch., un moment pavé (3'), franchit l'Alzette puis la voie ferrée, pour rejoindre (**0.1**) la r. de Luxembourg devant l'embranchement de celle de Larochette (10); tourner à dr.

Dépassé Rollingen (**0.5** — Côte : 5' — Pavé : 9' — belle vue de la plaine de Mersch, derrière l'église), la r., faiblement ondulante, double un cap rocheux et rencontre Lintgen (**2.5** — Pavé : 5'); elle monte (8'), ensuite descend à Lorentzweiller (**2.7**), au milieu d'un beau bassin de prairies.

La vallée se peuple de nombreux villages ; successivement on traverse Helmedange (**1** — Pavé : 4') et Bofferdange (**0.3** — beau parc), deux localités qui se touchent. Après une côte (5'), une légère descente conduit au passage à niveau de Heisdorf (**1.7** — Pavé : 2'); plus loin, à Walferdange (**1.8** — Pavé : 4'), remarquer à g. le château, résidence d'été du Grand-Duc.

La r. tourne brusquement pour franchir l'Alzette, puis se dirige en ligne droite vers Dommeldange signalé par la fumée de ses hauts fourneaux; à mi-distance, le hameau de Beggen.

A Dommeldange (**3.5**), s'écarte à g. la r. directe d'Echternach (31.2). Le pavage (11') commence avec le faubourg d'Eich, allongé dans un pittoresque étranglement de la vallée; une originale rangée de maisons barre la colline de g. Dépassé la bifurcation (**1**) du ch. de Septfontaines (2.5), à dr., il faut gravir une longue rampe (23'). On domine à g. les fonds du Pfaffenthal, arrosés par l'Alzette, ainsi que le superbe et singulier décor présenté ici par la ville de Luxembourg, son rocher du Bouc, ses fortifications demantelées, ses viaducs et ses anciennes tours.

Au sommet de la côte, la deuxième rue à dr., la rue des *Bains* (Pavé : 3'), conduit au croisement de la rue *Porte-Neuve*. Celle-ci, à g., ramène devant l'hôtel recommandé de *Cologne* (**1.1**).

Nota. — Pour la visite de la ville de Luxembourg, *V.* page 103.

DE LUXEMBOURG A LONGWY

PAR MERL, DIPPACH, SCHOUWEILER, BASCHARAGE, PÉTANGE, RODANGE ET LONG-LA-VILLE.

Distance : **30** kil. **100** m. *Côtes :* **1** h. **10** min.
Pavé : **8** min.

Nota. — Belle route, passablement ondulée, présentant une succession de montées et de descentes. Forte côte de quinze cents m. à Dippach.

Au sortir de l'hôtel de *Cologne*, tourner à dr. et, ayant traversé la *Grande Rue* (Pavé : 5'), continuer par la rue *Philippe*. Dans celle-ci, la deuxième rue à dr., la rue du *Génie*, puis son prolongement, l'avenue *Monterey*, commencent la r. de Longwy.

On parcourt une plaine fortement ondulée, d'abord descendante vers Merl (**2.6**). Première montée (4') pour couper la *ligne d'Arlon à Luxembourg* et laisser à dr. (**1.4**) le ch. de Bertrange (2) ; ensuite deux côtes (2' et 5'). A dr., s'élève un petit castel peint en rouge, tandis qu'à g. la grande ferme de Grevels (**3.5**) borde la r.

Forte rampe (17') pour atteindre le plateau de Dippach, village où vient aboutir (**3.5**) à dr. la r. de Mamer (5.7); montée (3'). Un kil. plus loin, croisement (**1**) de la r. de Carnich (3.5) à Bettembourg (14.2). Trois montées (2', 2' et 3') dans les parages de Schouweiler (**2**), puis descente douce vers Bascharage (**3.3**), où s'embranche à g. la r. d'Esch (10.5).

On traverse la plaine de Pétange, en approchant d'une région industrielle où le minerai de fer est abondamment exploité. A g., se détache (1.3) une autre r. vers Esch (12), dans la direction de deux mamelons couronnés de bois; à dr., le village de Linger s'étale dans la plaine, où prend naissance la *Chiers*. Une côte (1'), ensuite descente à Pétange (1.1 — Hôt. *Beissel*).

La r., après la voûte à g. de la *ligne de Luxembourg*, monte légèrement (2' et 2') et passe sous les bannes qui transportent aux hauts fourneaux de Rodange le minerai extrait du mont *Titelberg*. On laisse à dr. la station de Rodange (2.5 — Hôt. *Servais*), ainsi que le ch. d'Athus (2); à g., le village de Rodange est étagé à mi-colline. Deux côtes (3' et 4'), suivies d'une légère descente, mènent ensuite près de deux débits, voisins du poteau marquant la frontière franco-luxembourgeoise (2.3); celle-ci également très rapprochée des frontières de la Belgique et de l'Alsace-Lorraine.

La vallée se resserre entre des collines verdoyantes et boisées qui contrastent avec la noirceur des usines, des hauts fourneaux et des cités ouvrières. A Long-la-Ville (1.1), arrêt pour la visite de la douane française et la vérification du plomb apposé précédemment à la sortie de la France, soit à Hautes-Rivières (*V.* page 22), soit à Givet (*V.* page 32).

La r. monte durement (7') dans Long-la-Ville, ensuite descend devant l'entrée de la *cité Oscar d'Adelsward*, propriété des aciéries de Longwy. On franchit la Chiers, ainsi que le passage à niveau (1.6) du ch. de fer, au milieu d'une région populeuse. De l'autre côté de la voie, la r. gravit (10') la rue de *Gouraincourt*, puis continue à mi-côte pour atteindre (0.7) l'embranchement d'un ch. qui monte à dr. à la ville haute de Longwy (1.9 — *V.* ci-dessous).

Dépassé cet embranchement, la r. descend et ne tarde pas à traverser la rue de Longwy-Bas, bourg industriel qui possède, entre autres fabriques renommées, la *faïencerie de Longwy*.

On passe en contre-bas de l'église (à côté de l'église, un sentier de raccourci pour piétons, grimpe à Longwy-Haut) et l'on atteint (1.3) une rue transversale pavée.

Ici, laissant à dr. la r. qui monte à Longwy-Haut (2.9) et la direction de Longuyon, suivre à g. la rue pavée (3'). On franchit la Chiers, puis le passage à niveau du ch. de fer. De l'autre côté de la voie, tourner à dr. et s'arrêter à l'excellent *Buffet-Hôtel* de la gare de Longwy (**0.3** — Ch.-l. de c. — 7.788 hab.) où l'on trouve de très bonnes chambres.

Visite de la ville haute de Longwy (environ 1 h. 1/2) — Monter à pied à la ville haute de Longwy par le sentier de raccourci qui s'ouvre à dr. de l'église de Longwy-Bas, à l'angle d'une maison occupée par un sellier. On rejoint la r. des voitures qui vient de Longwy-Bas et, laissant à g. la r. de Longuyon, par Tellancourt, on continue à dr. pour pénétrer, cinq cents m. plus loin, dans la petite place forte de Longwy. A l'intérieur de la ville, la *Grande Rue*, bordée de quelques magasins, conduit sur la place centrale, plantée d'arbres, où s'élève l'église.

Les courtes rues, perpendiculaires à la place, débouchent sur les remparts dont le pourtour intérieur est occupé par des casernes et des magasins militaires.

De l'autre côté de la place, la Grande Rue se continue jusqu'à la seconde porte de la ville Celle-ci s'ouvre sur la r. conduisant à Mont-Saint-Martin dernier village français, dans le voisinage d'importantes aciéries.

DE LONGWY A MONTMÉDY

PAR RÉHON, LEXY, CONS-LA-GRANDVILLE, MONTIGNY, VIVIERS, LONGUYON, NOERS, SAINT-JEAN, MARVILLE ET IRÉ-LE-SEC.

Distance : **16** kil. **400** m. *Côtes :* **2** h. **28** min.
Pavé : **6** min.

Nota. — La route directe de Longwy à Longuyon passe par Tellancourt (9.6) et Longuyon (8.7). Commençant à cinq cents m. de la porte de Longwy-Haut, elle traverse une plaine peu intéressante. L'itinéraire que nous décrivons par Réhon, Lexy, Cons-la-Grandville, Montigny et Viviers sera choisi de préférence, *dans la bonne saison*, par les touristes qui voudront parcourir la jolie vallée de la Chiers et visiter le château de Cons.

Trajet accidenté, principalement entre Longwy et Longuyon: deux fortes côtes; la première, de dix-neuf cents m., précède Lexy, et la seconde, de quinze cents m., avant Montigny.

De Longuyon à Montmédy, la route, très bonne comme terrain, est encore montueuse et présente deux longues côtes : l'une de deux kil., entre Longuyon et Noers; l'autre de trois kil., mais en partie faisable, après Marville. On descend ensuite presque constamment jusqu'à Montmédy.

Quittant le *Buffet-Hôtel* de la gare de Montmédy, revenir vers Longwy-Bas en traversant le passage à niveau, puis la *Chiers* (Pavé : 3'). On laisse à dr. (**0.3**) la r. de Long-la-Ville, par laquelle on est venu, et l'on gravit (10') devant soi la r. carrossable de Longwy-Haut, bordée d'arbres. Bientôt on abandonne (**0.7**) cette r. pour prendre à g. le ch. de Réhon qui descend parallèlement à la vallée de la Chiers. Cent. m. avant le pont de Réhon, s'engager à dr. (**1.1**) sur le ch. de Lexy (Montée : 4'). Celui-ci passe devant des hauts fourneaux et longe un moment la rivière, puis s'élève par une longue côte (25') vers le plateau de Lexy.

Dans ce village (**2.8**), tourner à g. et suivre le ch. bordé du télégraphe. On rejoint (**1**) la r., meilleure, de Cosnes (2.7) à Cons-la-Grandville; la descendre à g.

pour regagner la vallée. On laisse à g. la gare de Cons-la-Grandville et, étant passé sous la voûte du ch. de fer, on pénètre dans le village (**1.7**). Au pied des massives assises du *château de Cons*, le ch. tourne deux fois à dr. dans la direction de Montigny.

Ici, laisser en garde sa machine dans une des maisons voisines et aller visiter (30') le **château de Cons**, propriété de M. le marquis de *Lambertye* (faire passer sa carte et demander l'autorisation).

A la sortie de Cons-la-Grandville, le ch. repasse sous une voûte surélevée de la *ligne de Longwy à Longuyon* et descend l'étroit vallon de la Chiers, dans un délicieux paysage. On s'en éloigne par une nouvelle longue côte (20') menant à Montigny (**3**), village sur le bord du plateau. Tournant d'abord à dr., ensuite à g., on redescend vers la Chiers; à six cents m. de Montigny, négliger l'ancienne r. et continuer à dr. dans la direction de La Roche.

A La Roche (**1.7** — usines), laissant à g. le ch. de Fermont (1.8), on continuera à dr. Traversée de petits bois (Montées: 1' et 4'), ensuite descente rapide à Viviers (**3.2**), où croise le ch. de Braumont (0.5) à Révemont (1.5).

Le ch., à flanc de colline, ondule au pied de la *côte des Chats* et présente une série de petites montées (2', 2', 6', 2' et 2') avant de rejoindre (**3.2**) la r. nationale de Longwy à Longuyon. Descendre à g. cette r. et, au bas, passer à g. sous le pont du ch. de fer.

Après la rue *Mazelle*, à l'entrée de Longuyon (**0.9** — Ch. l. de c. — 3.215 hab.), on franchit, sur un pont unique, la *Chiers* et la *Crusnes* à quelques m. de leur confluent.

Nota. — Si l'on doit faire étape à Longuyon, ou seulement s'arrêter pour déjeuner, il faut suivre à g., dès qu'on a traversé la Chiers, l'avenue de *Metz*. Commençant entre les deux rivières, elle conduit à la gare, devant l'hôtel recommandé de *Lorraine et de l'Est* (**0.6**). Au départ de l'hôtel, redescendre à g. l'avenue de *Metz* qui ramènera (**0.6**) au pont de la Chiers et de la Crusnes.

Au delà du pont, suivre la rue *Carnot* (Pavé : 3'). Cent m. plus loin, s'ouvre à dr. (**0.1**) la rue *Quinquet*, début de la r. de Montmédy.

Celle-ci s'élève sur le versant boisé de la vallée de la Chiers jusqu'à Noers (**2.0**) ; longue côte en partie dure (7', 5' et 5').

Parvenu au milieu du village de Noers, ne pas se laisser entraîner devant soi dans la direction de Saint-Laurent (6.5), mais tourner à dr. La r., excellente comme sol, parcourt un plateau fortement ondulé (Côte : 5'), au milieu de riches cultures ; à g., se détache (**0.5**) le ch. du Grand-Failly (5).

Après une série de montées (3', 3', 3', 7' et 2') et de pentes, la r. descend, depuis la *borne 5*, dans une large dépression de terrain formée par le cours de l'*Othain*, rivière qui sépare, à Saint-Jean (**9**), le département de Meurthe-et-Moselle et celui de la Meuse.

De l'autre côté du pont, on contourne le promontoire sur lequel est bâti le vieux bourg de Marville ; rampe de trois kil. (28'), en partie faisable, pour regagner le plateau. A g. (**1**), le ch. de Stenay (18.2) s'éloigne dans la direction d'une vaste plaine agréablement limitée à l'horizon par des collines. Continuant à dr., on descend doucement le vallon du *Chabot* ; traversée de ce ruisseau au village d'Iré-le-Sec (**2.7**). Plus loin, à la sortie des bois, la ville haute de Montmédy et son enceinte fortifiée apparaissent sur une colline escarpée (V. page 135).

A l'entrée de la ville basse de Montmédy (**5.7** — Ch.-l. d'arr. — 2.733 hab.), pont sur la Chiers ; ici, tourner à dr. pour traverser la localité (Côte : 3'). Après une première grande place, que borde à g. une longue caserne, la rue atteint la place de la Sous-Préfecture, où vient aboutir à dr. le ch. de Virton (16 — V. page 100). Obliquant à g., et montant légèrement (2'), on arrive vis-à-vis un passage à niveau (**0.6**) ayant l'avenue de la *Gare* à dr.

Si l'on fait étape à Montmédy, suivre cette avenue à dr. A cent m. de distance, se trouve situé l'hôtel de la *Gare* (**0.1**).

DE MONTMÉDY A SEDAN

PAR THONNELLE, THONNE-LE-THIL, MONTLIBERT, MAROUT, FROMY, LINAY, BLAGNY, CARIGNAN, SACHY, POURU-SAINT-RÉMY, DOUZY, BAZEILLES ET BALAN.

Distance : **12** kil. **900** m. *Côtes :* **1** h. **12** min.
Pavé : **8** min.

Nota. — Excellente route ne présentant que deux fortes côtes la première, longue d'un kil., en quittant Montmédy ; la seconde, de trois kil. huit cents m., dont quinze cents m. seulement de durs, après Thonnelle. Le reste du parcours est à plat ou faiblement ondulé.

Au départ de l'hôtel de la *Gare*, suivre à g. l'avenue de la *Gare* et, parvenu au passage à niveau (**0.1**), sans traverser la voie, gravir (12') devant soi le ch., dit de la *Chevée*, qui s'ouvre entre des haies à dr. d'une maison. Il mène au petit col (**1**), qui sépare la vallée de la *Thonne* de la boucle Est de la *Chiers*, sur la r. de Montmédy-Haut à Carignan.

La ville haute de Montmédy, située à g., à cinq cents m., se compose d'une rue, où s'élève l'église, et d'une place étroitement resserrées dans les fortifications. La plupart des demeures ayant été abandonnées par la population civile, il ne reste plus dans la ville que les casernes, les établissements et magasins militaires habités par la troupe.

Laissant à g. la r. de Montmédy-Haut (0.5), ainsi que celle de Stenay (15), qui se détache presque aussitôt à dr. de la première, on continuera à dr. par la r. de Carignan.

On domine la vallée découverte de la Thonne, qui vient se réunir, au Sud, à celle de la Chiers, et, par une agréable descente, on arrive à Thonnelle (**3.2**).

A l'extrémité du village, le ch. d'Avioth (3 — église remarquable souvent visitée) s'éloigne à dr.

Le ruisseau de la Thonne franchi, commence la plus longue côte du parcours, mesurant trois kil. huit cents m., dont quinze cents de rampe dure (29'); elle traverse Thonne-le-Thil (**2.6**) et conduit à un autre petit col de prairies, sur la limite (**1.8**) des départements de la Meuse et des Ardennes.

On descend à présent le large vallon de la *Carité*, en passant par Montlibert (**0.6**) et Margut (**3.8**), ce dernier village, industriel, au croisement du ch. de Villers-devant-Orval (6.3) à Stenay (13.9) et au confluent des ruisseaux de la *Carité* et de la *Marche*, ceux-ci affluents de la Chiers, rivière dont le cours sinueux reparaît après Fromy (**1.5**).

La r. se déroule à plat, au milieu des cultures, dans la large vallée-plaine qui s'étend entre de basses collines. On dépasse Linay (**2.9**), puis Blagny (**2.5**), villages séparés par une côte de cinq cents m. (1') et, après de faibles ondulations (Montées: 3', 2' et 1'), on atteint Carignan (**2.2** — Pavé: 4' — Ch. l. de c. — 2.224 hab. — Hôt. de la *Gare*, sur la r., à l'entrée de la ville).

Carignan, situé au croisement de la r. de Florenville (14) à Mouzon (7.3), fut jadis une petite ville fortifiée qui n'offre plus aujourd'hui aucun intérêt.

Un kil. encore plus loin, traversée du ruisseau de l'*Aunois*; deux courtes montées (2' et 3'). A Sachy (**1.6** — raidillon: 1'), le ch. de Muno (6.5) vient rejoindre la r. Celle-ci ondule légèrement (Montées: 3', 2' et 2'), entre une belle rangée d'arbres, et domine à g. la plaine qui va s'élargissant.

On traverse le gros village de Pouru-Saint-Remy (**4** — Hôt. de *France*), en coupant le ch. de Pouru-aux-Bois (3.7) à Mouzon (12.5); ensuite deux côtes (2' et 6'). La chaussée descend vers Douzy (**3.1** — belle église), bourg important, où vient aboutir, à g., la r. de Verdun (71).

Dans ces parages, les deux vallées de la Chiers et de la *Meuse* se confondent au milieu des grandes prairies, parsemées de bouquets d'arbres et d'oseraies, limitées au loin par des bas coteaux.

Au carrefour du *Rulle* (**2.1**), on atteint un rideau d'arbres, dominé à dr. par les hauteurs du *bois Chevalier ;* c'est ici qu'eurent lieu les premières escarmouches de la *bataille de Sedan* (1er septembre 1870).

La r. s'étend toute droite à travers la plaine qui vit l'un des plus grands désastres que nos annales militaires aient eu à enregistrer. Cette plaine est partagée par le fameux village de Bazeilles, qu'on atteint bientôt (**2.2**).

On entre dans **Bazeilles** par la rue du *Général-Lebrun*. Au milieu du village, vis-à-vis l'arrêt des tramways électriques de la *ligne Sedan-Bazeilles*, la r. tourne à angle droit. Si l'on désire voir le *Monument* et visiter l'*Ossuaire de Bazeilles*, on ne prendra pas cette r. à dr., mais on tournera d'abord à g., puis à dr. sur la place de l'*Infanterie de Marine*, au centre de laquelle est le monument élevé à la mémoire des combattants tués le 31 août et le 1er septembre 1870.

Passant à côté du monument, traverser encore à dr. la place attenante de la *République* et continuer par la rue *Gambetta* qui s'ouvre à g. de la Mairie.

S'arrêtant aux dernières maisons de la rue *Gambetta*, on visitera, dans le cimetière de Bazeilles (gardien au débit *Lejeune*, à g. à côté de l'entrée du cimetière), la crypte qui renferme les ossements des soldats français et allemands recueillis sur le champ de bataille de Sedan.

A la sortie du cimetière, il faut suivre le ch. à g. pour rejoindre la r. de Sedan vis-à-vis le café des *Dernières Cartouches* (**0.0**). A g. du café, se trouve située la célèbre maison dite des *Dernières Cartouches*, théâtre d'un des épisodes les plus héroïques de la bataille de Sedan. Dans cette même maison, le *Musée de Bazeilles* comprend quantité d'armes et d'objets divers ramassés sur le champ de bataille.

La r. traverse, entre Bazeilles et Balan, la partie du champ de bataille où eut lieu le plus fort de l'action. Au delà d'une courte montée, près d'un petit pont, voisin de la *borne 18* (**0.5**), remarquer à dr., sur la déclivité du coteau, l'arbre isolé auprès duquel le maréchal de Mac-Mahon fut blessé.

Le village de Balan, depuis la démolition des remparts de Sedan, est devenu le prolongement du faubourg de la ville. Aussi, parvenu à l'octroi de Sedan (**1.8** — Ch.-l. d'arr. — 20.163 hab.), là où s'élevait autrefois la *porte de Balan*, on devra négliger le faubourg pavé du *Ménil*, devant soi, et suivre à g. la rue de la *Place-du-Quartier*. Arrivé sur la place voisine de *Nassau*, plantée d'arbres, prendre à g. l'avenue *Philippoteaux* jusqu'à la grande place d'*Alsace-Lorraine*.

Ici, après être passé devant le Monument des combattants de 1870, qui orne cette place, et le Jardin public à g., l'on abandonnera l'avenue (qui conduit à la gare) et l'on tournera à dr., au fond de la place, dans la rue *Ternaux* (Pavé : 4). Celle-ci mène à la place de l'*Ile*; à l'extrémité de la place de l'Ile, tourner d'abord à dr., ensuite à g. dans la courte rue de la *Comédie*. Cette dernière aboutit à la place *Turenne*, où se trouve à dr. l'hôtel recommandé de la *Croix-d'Or* (**1.2** — Café des *Soquettes*).

Visite de la ville de Sedan (environ 1 h.). — De la place *Turenne*, faisant face à la statue de Turenne, suivre à dr. la rue de la *Comédie*; traverser la place du *Rivage* et, par la rue *Gambetta*, gagner la place d'*Armes*, où s'élève l'église paroissiale à g. Continuant par la rue *Crussy*, on arrivera à la place d'*Alsace-Lorraine*; sur cette place, à dr., se trouve le Musée dans le pavillon central de la Fondation Crussy (public le 1er et le 3e dimanche de chaque mois, de 1 h. à 4 h.; les autres jours, s'adresser au concierge).

Revenir sur ses pas par la rue Crussy, et, dans cette rue, suivre la deuxième rue à dr., la rue *Carnot*. Parvenu place de la *Halle*, tourner à g. pour regagner la place d'Armes. De l'autre côté de cette place, la rue de l'*Horloge*, à dr. de l'église, puis la rue *Sainte-Barbe*, encore à dr., mènent à la place du *Château*; à dr. la Citadelle. De la place du Château, en prenant à g. la rue d'*En-Haut*, ensuite la rue de *La Rochefoucauld*, aussi à g., on reviendra à la place *Turenne*.

Pour mémoire. — De **Sedan** à **Bouillon** (*Belgique*), *V.*, en sens inverse, page 91.

DE SEDAN A MÉZIÈRES-CHARLEVILLE

PAR DONCHERY, DOM-LE-MESNIL, FLIZE, LES AYVELLES, VILLERS-DEVANT-MÉZIÈRES ET MOHON.

Distance : **22** kil. **800** m. *Côtes* : **26** min.
Pavé : **23** min.

Nota. — Excellente route, légèrement ondulée ; quelques côtes insignifiantes.

A la sortie de l'hôtel de la *Croix-d'Or*, traverser à g. la place *Turenne* (Pavé : 7'), pour suivre, en face de la statue, la rue *Thiers*. Celle-ci franchit la *Meuse*, longe le quartier *Mac Donald*, à g., et passe sur le viaduc de Torcy, au-dessus de prairies et du canal. De l'autre côté du viaduc, on continue, avec la ligne du tramway, par le faubourg de *Torcy* qui coupe la place du même nom et se prolonge jusqu'au delà du passage à niveau de la voie ferrée.

Sur ce parcours, la r. forme la base de la *presqu'île d'Iges*, à dr., où l'armée française demeura prisonnière après la capitulation de Sedan, avant d'être emmenée en Allemagne.

Une petite côte (2') conduit au hameau de Belle-Vue, voisin du *château de Belle-Vue*. On aperçoit, en montant, cette propriété à dr., sur une colline au milieu des arbres. C'est au château de Belle-Vue que fut signée, le 2 septembre 1870, la capitulation de Sedan entre les généraux de Wimpffen et de Moltke.

Dépassé le hameau de Belle-Vue (**3.2**), la r. descend et découvre, dans un paysage étendu, les méandres de la Meuse et l'ancienne petite ville de Donchery ; légères ondulations. Un peu plus loin, remarquer la seconde maison, à g. sur le bord de la chaussée, entre les *bornes* 25.5 et 25.6 (**1.1**). Cette maison à deux étages, avec petit pavillon, en arrière dans le jardin, fut témoin de la rencontre de Napoléon III et de Bismarck le lendemain de la bataille de Sedan.

Dépassant le pont de Donchery (**0.5**), à dr., on gagne la vallée du *Bar* qui s'ouvre à g. dans la direction du ch. (**1.8**) de Maisoncelles (14.2). On franchit le ruisseau, puis le canal, au hameau de Pont-à-Bar (**0.8**). Une côte, à trois reprises (1', 5' et 2'), signale le long village de Dom-le-Mesnil (**2.3**).

Après le hameau de Maison-Mozet (**1.5**), où se détache à dr. le ch. de Lumes (5.1), on monte (3') vers Flize (**0.8**. — Ch.-l. de c. — 651 hab.). La r. fait un coude brusque à dr. et vient en bordure de la Meuse, pendant environ quinze cents m , jusqu'au hameau d'Elaire (**2.** Montée : 1').

Successivement se présentent Les Ayvelles (**1.2**), puis le village plus important de Villers-devant-Mézières (**2.3**), qu'on laisse à dr., en gravissant une côte assez dure (7').

La r. traverse la *ligne de Mézières à Reims* et tourne à angle droit pour monter (7') dans Mohon (**2.1**), faubourg industriel de Mézières. On descend ensuite à la bifurcation (**0.8**) de la r. de Boulzicourt (7.4) et de Launois (22.3). Cent m. plus loin, parvenu à hauteur de la maison de l'octroi, à g., et d'un café, à dr., qui porte le n° 27, on abandonnera (**0.1**) la direction du tramway pour tourner à dr., à l'angle du café, sur le boulevard de *Béthune*.

Ce boulevard descend sans pavage à la Meuse où l'on prendra à g. le quai de l'*Hôpital* jusqu'au pont de pierre. Ici, franchir la Meuse, à dr., et traverser Mézières (Pavé : 13') par les rues *Thiers*, *Monge* (à dr.) et d'*Arches* (à g.). Après le second pont sur la Meuse, le faubourg d'*Arches*, puis la place de la *République*, continuée par l'avenue de *Charleville*, mènent au troisième pont jeté au-dessus des prés d'Arches. De l'autre côté du pont, le beau cours d'*Orléans* monte légèrement vers Charleville (Pavé : 3') et ramène à l'hôtel recommandé du *Lion-d'Argent* (**2**), situé à g., dans la rue *Thiers*, à l'entrée de la ville.

Imprimerie G. MAURIN, 71, rue de Rennes, Paris. — 2-1901.

Paris. — Imp. G. Maurin, rue de Rennes, 71. — 3-1901.

www.ingramcontent.com/pod-product-compliance
Ingram Content Group UK Ltd.
Pitfield, Milton Keynes, MK11 3LW, UK
UKHW021059200726
13857UKWH00003B/1020

9 782012 859272